樹的祕密語言

Bäume verstehen:
Was uns Bäume erzählen,
wie wir sie naturgemäß pflegen

森林守護者傳授的另類語言課，
聆聽慢活老樹用生命訴說的自然教學

彼得・渥雷本
Peter Wohlleben——著
陳怡欣——譯
曾鏡穎——審訂

CONTENTS

CONTENTS

■ 寫真：野生歐洲甜櫻桃木

CONTENTS

CONTENTS

第一章
樹語的翻譯者

我們可以從樹木外表讀出：它是否安康，以及它的出生與未來的去向。瞭解了樹木的肢體語言，對我們來說，這個巨大的植物就會如一本打開的書，一目了然。

樹木，讓人感到如此的莫測高深，無聲無息的佇立在花園裡。盛夏時，無私的獻出樹蔭，秋天時，色彩繽紛的樹葉在風的肆意吹拂下，發出沙沙簌簌的聲音。水果樹、堅果樹填飽了我們的肚子也滿足我們的口腹之欲；樹木還可以成為吊床或是鞦韆的支架；或成為住家前一個能夠彰顯風格的元素。樹木，是地球上最強壯的生物，有著最長的生命，但我們對這巨大生物的瞭解卻少之又少。有時我們會感覺粗糙的樹皮下，一定還隱藏著更多祕密，而那些是在我們第一眼看到樹木時所無法知曉的。

直到近十幾年來，這神祕舞台才些許的為人所知。七〇年代科學家有個令人興奮的發現，他們在非洲熱帶草原區（Savannen Afrikas）觀察到如非洲羚羊及長頸鹿等草食性動物啃食最愛的非洲金合歡的樹葉時，有著奇特的行徑：

首先，牠們會啃咬一棵金合歡幾分鐘，但不會等到吃飽了才停下來。當金合歡的葉子一被咬食，它就會分泌有苦味的物質，讓羚羊和長頸鹿不想再吃，然後牠們就會轉往五十到一百公尺距離遠的地方，尋找下一棵沒有苦味的金合歡。為什麼是五十到一百公尺呢？

科學家發現，在短短的幾分鐘之內，附近所有的金合歡也都會有苦味。草食動物知道了這點，便本能地到一段距離外才繼續吃葉子。令人好奇的是，其他的金合歡如何知道威脅靠近了呢？答案是一種被稱為「乙烯」（Ethylen）的氣體。最初被咬食的金合歡會釋放出乙烯，這種化學求救信號會警告周遭的金合歡做出適當的回應。

近期科學家從許多不同樹種中發現這種警告訊號，大部分植物很可能具有一套化學通訊系統，也就是其實我們整天身處在一個吱吱喳喳、活潑生動的植物世界中。比如有些警告訊號是有特殊作用的，某些樹木被毛毛蟲啃食後，它們會發出吸引毛毛蟲天敵的訊號，通知它們這裡有好吃的毛毛蟲，用來保護自己。雖然這方面的研究還不夠深入，但可以從這裡推斷，樹木有著辭彙廣泛的「氣味文字」。

即使當今的社會講求科學和理性，但我們必須承認，植物除了有通訊能力外，還有其他的能力，比如感覺。當昆蟲啃食樹皮時，樹木一定會感到被攻擊、疼痛，同時釋出防禦物質，警告附近的同伴防範應變。然而對多數人而言，要承認樹木有感覺很離譜。相對的，如果說動物是有感覺的，卻不會造成大部分人認知上的困擾，即動物與人類非常雷同。沒錯，雖然有些動物比較多隻腳、比較多隻眼睛，腦袋瓜也比較小，但動物大體上的基礎結構與人類相似。然而，植物就不同了，有如從外太空來的異形，它沒有像動物一般清晰明瞭的中央神經系統，終其一生，一動也不動的固定在同一個位置生長，讓活潑好動的人類很難體會想像，也使得人們要瞭解這種生物難上加難。

這些區分動物和植物的想法其實非常霸道又武斷。植物可以自己產生養分、自給自足，動物卻要依靠其他生物維生。但也從此區分一方是有感覺、能傳達訊息的生物（動物），另一方則是自行運作的生物機器人（植物），這種觀念其實在新的研究中已不再是主流。不只在農業和林業，整個社會都視植物為無生物而不是生物，因此即便人類輕率地對待植物，也不會覺得有什麼問題。如果我們正視目前科學界的研究結果，那在高喊善待動物要求的同時，應大聲疾呼植物也該受到同樣的待遇，但目前我們的社會卻離這一步還很遠。

如果樹木會相互溝通，要進一步瞭解它們應該就比較容易了。可惜目前還沒有發明與樹木溝通的字典或專用解碼機。即便喜愛樹木的人們已瞭解樹木之間會互相傳遞訊息，這對讓普通大眾也相信樹木會互相傳遞訊息這件事看起來好像沒有什麼幫助，然而，實際上我們還是可以聽懂樹木想要說什麼，即使它們只是靜靜地佇立著，好比人類的身體語言。

行為研究專家發現人們在對話時，可以在極短的時間內，依憑直覺從對方的基本神態捕捉其言語背後的心態，而對方的姿勢與臉部表情能告訴我們的訊息勝過千言萬語，並且有決定性地影響著我們想傳達的訊息。所以，想更瞭解樹木以及它的狀態，我們可以從學會讀懂樹木的肢體語言開始。

若把樹木當作是人，與人類一般，樹如其相，我們從樹木外表可以讀出：它是否安康及它的出生與未來的去向；只要我們知道從哪個地方去瞭解樹木的肢體語言，對我們來說，這個巨大的植物就會如一本打開的書，一目了然。

當我們瞭解樹木的肢體語言，就能幫助它們在我們的花園中盡可能順利的成長，當它們受到危險威脅時，我們也能夠適時介入，使其能夠茁壯成長、生生不息，讓我們的後代子孫也能夠享受到樹木所帶給我們的歡樂。不論蘋果樹（Apfelbaum）、胡桃樹（Nussbaum）、懸鈴木（Platane）、松樹（Kiefer）、樺樹（Birke），或是山毛櫸（Buche）：每種樹木都有自己的故事可以述說，敘述它們的特徵是如何造成的，像是樹皮上的疤痕是怎麼形成的，又如何在它的生命中留下深深的印記而變得獨一無二。本書將試著指引你去更深入瞭解樹木和它周遭的一切。

歡迎你來選修這堂另類的語言課！

寫真：橡樹

夏櫟（Stieleiche，*Quercus robur*）與無梗花櫟（Traubeneiche，*Quercus petraea*）是森林中最重要的兩種橡樹，然而令人目瞪口呆的是，至今科學研究對這兩種橡樹所知甚少。這兩種橡樹彼此授粉、雜交，形成許多混血兒橡樹，所以即使到現在，人們仍然沒辦法百分之百確定它們究竟是同一種還是兩種不同的橡樹。

除此之外，實際上有德國代表樹種之稱的橡木只是個虛名，因為從德國南部阿爾卑斯山到北部的濱海邊，在人類還沒有大面積的改變地景之前，歐洲山毛櫸才是德國天然分布最廣的樹種。

我們對於橡樹樹齡的瞭解也是非常有限，人們經常一廂情願的認為每個熱門的名勝地區自然都有棵千年神木等著遊客造訪，然而，實際上超過五百年的橡樹相當稀有。橡樹是非常結實的樹木，不論潮溼或乾旱；土質堅硬或受霜寒，它都能逆來順受，而且就算樹幹表皮有大面積的損傷，拜有天然保護罩的心材所賜，它仍能穩定生長，要是換做別的樹種，早已浸蝕腐壞。

橡樹是陽性樹種，喜歡陽光、不善惹事生非的合群樹種，也是種在居家花園中的最佳選擇，樹長最高不會超過四十公尺。

第二章
從神話到人工林

因大規模的濫墾濫伐而造成土地退化的情形，補救造林的工作就由當時應運而生的各州林務局接管。大多數的窮苦人民因為森林大面積的消失，在歷經世代交替後，失去了認識森林的機會，而產生對森林的恐懼。

人類的生存從古至今與樹木息息相關，扮演著非常重要的角色。除了食物外，它提供人類生活裡最重要的天然資源：木材。沒有樹木就沒辦法生材取暖，就無法搭建居住的帳篷，也無法製造能防衛自身或攻擊的武器——若沒有樹木，原始人類可能會悲慘的絕跡，留下的，只是一些進化演進的奇聞軼事。

難怪樹木這強而有力的巨大生物被人們擁護愛戴、尊為神祇。日耳曼人將那些看似大主教堂的樹林當作眾神居住的地方❶，在那裡膜拜、供祭動物牲品。然而天主教

譯註

① 日耳曼海納眾神的主教神殿（Haine der Germanen）屬祭神用地。

歐洲中世紀因耕地的需求，加上耕地以外飼放牛羊群的牧區，
毀林造田放牧，形成了半開放的地景。

的傳教士卻砍伐所有可能被當作聖林地的樹林，然後在原地「種」上石造教堂，以達到潛移默化異教徒為教徒的目的。

在羅馬最興盛的時期，山林樹木被砍伐殆盡，後來因為羅馬衰弱，在西元四百年後，森林又漸漸地占領被遺棄的聚落荒田。然而，在這之後的五百年內，差不多就跟一棵樹木正常壽命一樣長的時間，山林再度遇難，因人口增加而開墾拓荒的人們，又再度把斧頭伸向樹木。當時地名的結尾常有伐林的含意，例如瑞斯（-rath）、羅斯（-roth）、羅德（-rode）、羅伊斯（-reuth），或原野（-feld）❷。幸好，在這段時間，天然林地雖歷經砍伐的厄運，仍舊保有相當可觀的原生天然林。

在中世期時間發生的第二次大規模伐木，對林地的迫害又更加嚴重了。這次砍伐不僅只是為了闢地造田居住，木材也被用來作為維持大量經濟活動的原料和燃料。在此期間，新興城鎮如雨後春筍般出現，也因此被稱為「木質時代」（hölzernes Zeitalter）——一個不可能沒有樹木的時代。

即使到了工業化初期，工業所需要的主要能源還是來自於木材。因此不斷發生各種破壞林地的行動，燒炭工人把山毛櫸和橡樹堆成窯、悶燒成炭，隨處可見黑色的木炭與黑煙裊裊，工人們在直徑五至十公尺的圓形區域內，先把木頭井然有序的層疊排列著，最後再覆上泥土，在窯內點火增溫，讓木炭慢慢燒紅，濃煙騰騰，持續悶燒約兩周。燒炭工人會不時的注意火候，觀察評估炭窯的狀況，以免錯過適當的時刻冷卻炭窯。當木頭炭化後，窯工便引進附近的溪水將窯堆淋溼，當時最搶手的燃料就出爐了。在那個時候，鐵窯、玻璃窯或是鹽場，都會直接在森林裡設廠，以便縮短木炭運

譯註

② 顯示這些地區是經伐林闢地而成。

輸的路程，就近取材，但也加速了森林面積的消失。

對森林資源的大量需求，一直到發現煙煤與褐煤並開採後，人類對森林無止境的掠奪才告終止。之後，工業巨頭將目標移轉至煤礦，採礦地點大部分都在德國魯耳地區（Ruhrgebiet），那時他們靠著好像取之不竭的煤礦開始了無限制的擴張。

因大規模的濫墾濫伐而造成土地退化，補救造林的工作就由當時應運而生的各州林務管理處接管。大多數的窮苦人民因為森林快速的消失，在歷經世代交替後，失去了認識森林的機會，而產生對森林的恐懼，這種害怕受森林威脅的文化傳統，也被寫進當時的童話故事與神話裡。

貧瘠的石楠荒原（Heidelandschaft）❸被開墾成過度放牧綿羊與山羊的牧場，樹木在這裡屬於不受歡迎的干擾者。雖然當時林務管理處以軍隊一般的管理方式強制並監督農民將發放的各類種子，如橡樹、松樹及雲杉等，播種在土壤流失酸化的荒原上以種植樹木，但苦於饑荒、想維持放牧的農民，卻利用夜間，在爐子上將種子烘乾，使得造林行動徒勞無功。

同時我們也要多謝了啟蒙時代（das Zeitalter der Aufklärung）❹推崇理性和科學，使人們對大自然的看法有所改觀：在人類長期以理性科學分析下，使得人們覺得大自然不再神祕。經由事實和數據的分析後，人類似乎覺得自己不只可以掌控預估大自然，還可以計畫經營，於是造林就變成由政府主導、由上而下貫徹執行的國家政策。那些冬天休耕、無農務，需要打零工補貼生計的農民，便將苗木如同作物般，將其栽種在大型的苗圃中，人工林的造林面積因而快速增加。

當時的林務管理處官員是從軍隊中退役下來的狩獵兵團招募而來，他們做事的習性保留著如在軍隊裡一板一眼的風格，並希望能夠有效的控制管理林木的生長。那麼，還有什麼方法會比把造林區的土地劃成一塊塊的正方形，更符合他們的期望呢？比如預計經營一百年後要能收穫林木，最好的方法就是每年在每一區種植人工林，等一百年過去、每區都種滿後，第一年種的第一區森林也滿一百歲，便可將地上林木砍伐收穫，再重新種植。理論上，這個造林計畫就是每年都有一區可以收成，也代表每年都會有收入，如此一來，不就是所謂的「永續經營」理念了嗎！雖然在育林期間，常會有溫帶氣旋或蟲害之類的天災，有時災情嚴重甚至會破壞整區的林木，然而當今許多林務管理處依舊遵循當時所發明的這種分區式經營法造林。在育林學上，稱這種

譯註

③ 石楠荒原是人類為清除森林，燒荒開闢牧場所留下的景觀。多位於溼冷高地，屬酸性土質，生長矮灌樹叢的不毛之地。

④ 啟蒙時代起於十七、十八世紀，相信理性，追求知識，認為科學和藝術的理性發展可以改進人類生活。

森林為「同齡林」（Altersklassenwald），因為每一區內的樹齡都相同或相近（因種植的時點相同）。基本上，分區式育林與天然下種的森林已相去甚遠，若想要進一步瞭解這種單一樹種的人工林（monotonen Plantagen）與原生林的差別到底有多大，就要先探索一下原生林的面貌。

寫真：樺樹

歐洲最常見的樺樹是沙樺樹或稱垂枝樺樹（Sandbirke，Hängebirke；*Betula pendula*）。易於辨認的主要特徵是黑白相間的樹幹及其下垂的枝條。樺樹分布極其廣泛，從義大利南部到北瑞典都有其落腳的足跡，任何環境條件都可以生長，只有當落腳處過度潮溼時，會被同親屬家族的沼樺樹（Moorbirke；*Betula pubescens*），也稱毛樺樹所取代。

樺樹是真正的急性子：凡事急就章，急忙匆促，生長期前十年，平均每年以向上一公尺的速度迅速抽高（最高樹長約二十五公尺），其他樹種完全沒辦法與其爭鋒。下垂又有彈性的枝條隨風不停地干擾其他樹木的樹冠，讓那些樹木最上層的枝芽無法好好生長而凋落。這種自私自利的行為，正好顯示出它是天生單打獨鬥的獨行俠，不需要母樹的照護，便能自行安好茁壯。

樺樹成熟後，其他的耐蔭樹種可以在其稀疏的陰影下受保護成長，因為樺樹並沒有很珍惜每一寸陽光，快速成長又不密實的枝葉讓陽光穿透葉間或直接落到地表上。

樺樹衝動浮躁與肆意奔放的生活，其所付出的代價就是很少能活過一百二十歲。

第三章 自由生長的樹木

在光線昏暗的森林裡，除了已長成的大樹繼續生長外，其他植物幾乎無法生存，所以原生林看起來就像一個巨大的廳堂，到森林裡踏青時，我們就像漫遊在柱子與柱子之間，而且完全不用開山刀披荊斬棘。

我們在原生林中遇到的那些老樹，以一種難以想像的緩慢速度生活著。現代的流行用語「慢活」（Entschleunigung），便可形容這個生態系。

從小樹苗開始，它們就在父母（Baumeltern）❶巨大樹冠的蔽蔭下緩慢地生長。從樹冠隙縫中到達地表的陽光，只有樹頂的百分之三，這微光雖不足以讓小樹苗茁壯，但也不會導致其死亡。母樹為幫助幼樹撐過這段幼年期，便以細嫩的側根與小樹的根系連接纏繞，供給小樹苗養分。就這樣，樹苗便在一方面缺乏陽光，一方面卻以根部吸取母樹養分的環境下，克難生存了好幾十年。在原生林中，生態上的意義是：樹幹的生長速度非常緩慢時，樹幹的細胞密度會非常高，因此形成可抗菌並有彈性的木材。當樹幹遭受外傷受到感染時，不致因腐蝕而致命，遇到大風時也不易斷折。

事實上，「林下弱光」的現象其實是大自然的刻意安排並非偶然，目的就是為了強迫幼苗能夠筆直的生長。因為只有如此，才能讓樹幹裡的維管束纖維保持垂直或無偏向生長，減少樹幹斷裂或折斷的機會。

這群幼苗就像在幼稚園裡循規蹈矩的孩童，乖乖地垂直往上生長，它們會為了搶奪光源而「爭吵」。當其中一棵樹苗感到光線不足，決定彎曲主枝往側邊生長時，其他的同伴並不會理睬它，而是緩慢垂直的往上生長超越它，在這樣的狀況下，便會慢慢的將已彎曲生長幼樹所需光線擋住，而使那棵幼樹在其他小樹的陰影下，慢慢地成為腐植質。這個情形持續到有一天，當母樹一命嗚呼時，大量光線便會從母樹枯萎的枝幹間直射而下，幼苗群中最高大強壯的模範生會立刻快速地成長為魁梧大樹。

在原生林內，巨樹死亡的狀況非常少見，在很多時候，原生林內一直都是一成不變。在光線昏暗的森林裡，除了已長成的大樹繼續生長外，其他植物幾乎無法生存，所以原生林看起來就像一個巨大的廳堂，到森林裡踏青時，我們就像漫遊在柱子（此指樹幹）與柱子之間，完全不用開山刀披荊斬棘。相對於原生林，中歐

譯註

① 指原生的母樹，新生代樹苗大多長在父母樹附近。

（Mitteleuropa）森林或是赤道亞馬遜（Amazonas）森林，則是完全不同的景況，這些森林屬於被人為濫砍濫伐後，再度形成的次生林（Sekundärwälder），其林下灌木叢生不易通過。造成林下灌木叢生的主要原因在於：森林頂部沒有老樹茂密的樹冠覆蓋，就像少了「減光器」一樣，陽光直射地表，所以林下的各式各樣植物就能蓬勃生長，若是在原生林，林下光線微弱，其他植物根本完全無法生長。

冷杉、雲杉或山毛櫸的幼苗屬晚熟型的樹苗，
都需要父母樹的保護與教養。

如此可見，樹木是非常深思熟慮的，它們行事謹慎，從容不迫。

早熟型與晚熟型

眾所周知，在動物學中所謂的晚熟型（Nesthocker），是指新生代在出生後必須留在父母身邊，需要父母的照顧。相反的，早熟型（Nestflüchtern）的後代，自呱呱落地後多能獨立自主，自力更生，獨自探索世界。屬於植物界的小樹苗其實是一樣的情形，大部分樹種的樹苗都需要父母的保護與教養。晚熟型的代表性樹種如山毛櫸、橡樹、冷杉（Weißtanne），或雲杉（Fichte），若是父母早逝，這些小樹苗也可以倚賴養父母，也就是在其他樹種的照顧下成長。

一棵小樹想要健康地成長，老樹的庇護照顧是不可或缺的要件，通常晚熟型樹種的種子比較重，會撲通地落在母樹附近，以方便母樹就近照料。即使如此，在晚熟型樹種中，有部分果實具有特別設計的遠距傳播能力，以增加其樹種生長範圍擴大的機會。比如有些樹木發展出讓種子隨風飄散的裝置，它們的果實有翅膀，靠著這個裝置，如針葉樹的種子或楓樹（Arhornarten）的種子就可以散居各地，在遠方落地生根。就是因為樹木本身無法移動移居，「胚胎」（審按：通常「胚胎」一詞只用在動物上，但在這裡其實是指種子。而作者之所以故意用「胚胎」這個字，具有戲謔的意味）便擔起傳播擴展勢力範圍的重責大任。至於那些重量非常重的種子，就由動物負責傳播播種的工作。

根據最新的研究指出，西歐小松鴉（Eichelhäher，*Garrulus glandarius*）在入冬前，喜好埋藏橡實與山毛櫸的果實過冬，最高紀錄可藏到一萬個果子，不過大部分都沒被吃掉。這些被遺忘的種子到了隔年早春，就會在異地發芽或成為新的橡樹林或山毛櫸林的母樹，不過大部分的橡實或山毛櫸的果實還是留在家鄉附近。

靠著動物傳播拓展勢力範圍是一個非常漫長的過程。通常種子只會被藏在離母樹數公里遠的地方，大約要等待五十至一百年的光陰，傳播的過程才會接續下去。因為要過這麼多年後，新發芽的小樹才終於長成大樹，有能力開花結果，進行傳宗接代。以這種小跑步的速度，橡樹和山毛櫸的傳播距離平均每一百年向外擴張二十公里。

然而，早熟型的樹種就截然不同了。它們的「胚胎」不僅身輕如燕，而且為了讓「胚胎」能隨著最弱、最輕的風動就能夠飛翔，它們的父母賦予種子隨風飛揚的裝置。比較重一點的種子，如大部分的針葉樹與楓樹的種子皆有翅膀，這個翅膀如同「螺旋槳」一般，在種子落下時可減速，並在空中如同直升機一般飛行。

比翅膀更理想的策略是把種子重量盡量減輕，大概只有幾毫克重。這些微如塵粒的種子配上柔細的絮毛，便可無遠弗屆，隨風飄揚，沒有到不了的地方。有了絮毛，當溫帶氣旋來襲時，種子就能飄揚好幾百公里，遠遠地向外遷徙，拓展勢力範圍。樺樹、柳樹（Weiden）、白楊樹（Pappeln）都是這類型的代表樹種，它們的後代已經被訓練成一旦到達新地點，便立刻快速的往上生長，這跟需要父母教養與保護的原生林樹種非常不同。但前提是，它們需要充足的日照，這一點在光禿荒蕪的土地上非常充沛。這些樹木在專業術語上稱為「先驅樹種」（Pionierbaumarten），在任何環境下都能落地生根，即使土地上沒有任何森林覆蓋。其快速生長的能力讓它們能夠快速擺脫灌木與雜草的競爭。不過，它們這種快速與急促特性的樹木有一個很大的缺陷（其實這種性格一點都不像「正常」的樹木），跟一般樹木相比，它們的壽命非常短暫，幾乎沒有任何一種先驅樹種能活到一百五十歲，只有非常少部分的樹木會活到一百歲。

在陰暗的原生林內，樺樹及其他同類的先驅樹種根本無法存活，因為它們的幼苗必定會因為缺乏光照而餓死。所以這類樹種自然生長的棲地大部分是原生森林被破壞的空地（例如由經森林大火形成或溫帶氣旋襲捲後形成的樹冠缺口），或是你家的花園！

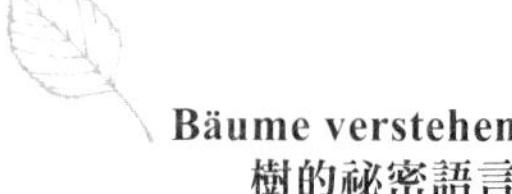

第四章 樹木的生長形態

基本上，闊葉樹跟針葉樹都有著類似的生長法則。不過兩者間有一個決定性的差異：闊葉樹在原則上也是盡可能的垂直往上長，但不會像針葉樹一樣，盲目的如奴隸般，只知一味的向上竄。

在進一步巨細靡遺地探索樹木的構造之前，我們應該先好好看一眼樹木整體的樣子。仔細觀察樹木的外觀，常常就可以看出樹木過得好不好。想要歸納推敲樹況，我們必須先瞭解一下針葉樹與闊葉樹的生長差別。

針葉樹是非常執著的，不論發生什麼事，它都很固執地筆直向上生長。說得更明白一點，它總是朝著跟地心引力相反的方向奮力生長，每棵樹都長得一樣直，因此針葉林的林相有點單調，這種整齊劃一的特徵使我們非常容易地辨認針葉樹的狀況。有時候在強勁的溫帶氣旋肆虐後，針葉樹並沒有被連根拔起吹倒在地，它憑著最後一口氣用樹根抓緊地面，只有迎風面的樹根稍稍露出地表。雖然僅有幾公分的樹根被翻掀，還是會造成樹幹明顯的傾斜，如果這棵樹接下來又成功地抓緊土壤，或者是說，新的根系重新生長並在土壤中固定住，等針葉樹再度站穩腳跟後，它就會繼續垂直往上生長。但之前所造成的樹幹歪斜沒辦法回復，因為針葉樹只有一個頂芽會往上長，所以筆直的針葉樹幹會形成一個長弧形，然後再繼續往上長。這樣一來，當我們從樹梢的頂芽一年一年往下算至樹幹彎曲的部位，便可倒推出溫帶氣旋過境的時間點。（參看第十七章「樹木的年紀」）

還有其他的外力會讓樹木的生長失去平衡。比如強風盛行的高山上，經過長時間的強風吹拂，樹幹會匍匐生長成扁平的長弧形。高山常見的土石流失也會產生類似的狀況，在高山坡地上層的土表通常不穩定，經年累月下，土壤會像黏稠的布丁一樣，每年慢慢地，一分一厘、一層層地向下滑至山谷。這種坡地滑動現象很難以肉眼觀察，但從樹木的生長形態便可見端倪。樹木一邊會以跟坡地滑動同樣的速率往下滑，一邊繼續往上生長，結果就是樹幹沿著坡地長成扁平的長弧形。

基本上，闊葉樹跟針葉樹都有著類似的生長法則。不論強風或坡地滑動，闊葉樹也都會發生樹幹彎曲或是匍匐生長的情況。不過兩者間有一個決定性的差異：闊葉樹在原則上也是盡可能的垂直往上長，但不會像針葉樹一樣，盲目的如奴隸般，只知一味的向上竄。只要讓闊葉樹有機會窺見一絲光源，它的枝椏便會跟著光線轉向，在這些側向生長的枝椏中，最強壯的枝幹最後會發展為主幹。想找出闊葉樹樹幹傾斜彎曲

闊葉樹無法因光線貧乏而改變生長位置，
是靠著樹冠的移動伸展獲取需要的日光。

的主要原因，只要觀察一下它生長環境的光線來源就可以馬上得到答案。例如森林邊緣地帶可以清楚地觀察到闊葉樹與針葉樹的不同。當長著針狀葉的同伴傻傻地照規矩往上生長時，年輕的闊葉樹卻衝動地往森林區的邊緣伸展。這個策略的優點是：雖然樹木天生無法改變生長的地點，但闊葉樹的樹冠最遠卻能往側邊位移五公尺。這樣的距離看起來好像沒什麼大不了，有時卻有關鍵性的影響。

我們來用一個小小的例子說明這決定性的差異：一棵針葉樹的最大樹冠半徑是八公尺長，也就是在其方圓兩百零一平方公尺（樹冠的圓形面積）的範圍內，都需要光的照射。若在這面積內，已經存在其他的競爭者（樹木），使得光線與空間不足，針葉樹就是死路一條，無法存活。就算只要往旁幾公尺就能得到充足的日照，對於年輕的針葉樹來說，還是於事無補。因為針葉樹只會垂直往上，不會往側邊伸展。它唯一的機會只有等著在同一地點上生長的前輩（老樹）壽終正寢後，替它在上方開了個洞，以便讓日光從上而下直射地表。

闊葉樹會用前面所述的方法伸展移動樹冠，造成樹幹傾斜。以闊葉樹半徑八公尺來說，樹冠側向位移五公尺，半徑便增加成十三公尺，這樣一來，整個受光面積就變成五百三十一平方公尺。也就是說，闊葉樹把在一個固定地點內能夠獲取日照用於生長的機會，增加了一倍以上，有時這就是決定生與死的差別。

我們很容易看出哪些樹木是在林下排隊等著長大，雖然目前的環境對它們來說太昏暗，但它們靜立著，寄望將來有一天能夠沐浴在全日照下：這時不論針葉樹或是闊葉樹，它們都會把精力花在長更多的側枝，而不是在主幹上。理由很簡單：一味往上生長只是浪費能量，徒勞無功，因為它們在林下靠微弱日照產生的能量，並不足以拔高到超過老樹。於是它們決定實際一點，轉投資在生長側枝以增加受光面積和機會，並盡量利用從老樹樹冠縫隙透下來達到地表的少許光線。

要瞭解以上這些現象，我們不需要懂很多理論也能推想明白：下回在林中漫步時，請你駐足片刻，觀察一下不同粗細的闊葉樹，即使我前面沒有說明，憑你的直覺也能理出前因後果。你看到的是雄偉高聳、有著巨大樹冠的大樹嗎？看來它們經過了一番奮鬥成為森林裡的統治者；你也注意到活在老大哥陰影下，苦苦掙扎營養不良的小弟了嗎？沒錯，那些細弱蜷曲的樹木正在受老樹「光權暴政」的統治，過著民不聊生的生活。

每棵樹木的樹冠與樹枝都有自己的特色。七葉樹屬的馬栗樹（Rosskastanien）的枝椏形狀如往上翹的老式八字鬍，老樺樹的枝幹像我們垂著手一樣。樹木所展現出的形態背後，經常隱含著特殊的目的：比如山毛櫸的枝幹之所以朝天，像整天把手高高舉起，就是為了便於承接搜集每一滴雨水，使雨水可以順著枝椏流向樹幹，再匯集到根部。

雲杉屬有許多不同樹種，其中一種雲杉的枝條上的小枝下垂，會隨風搖晃，就如同懸在聖誕樹上裝飾的流蘇狀銀絲帶。雖然這樣的樹形看起來垂頭喪氣的，但這些下垂的流蘇狀小枝卻是捕霧的好幫手：當早春與秋天時，霧氣氤氳交織於樹冠間，白霧一碰到雲杉就像碰到天羅地網一樣，大量露珠立刻凝結在針葉、流蘇小枝，以及枝條上。所以當雲杉正享受著大口大口喝水時，其他的樹種只能望霧嘆興。

反之，長在多雪地區的雲杉小枝猶如屋頂瓦塊互相層疊。寒冬時，幾噸重的積雪堆在小枝上卻不至於斷裂，是因為上層小枝有下層的小枝支撐著，這樣的雲杉被厚厚的白雪覆蓋，遠遠看來像披了一件純白帶抹綠的衣裳，在冷風中直直的靜立著。

樺樹下垂的枝條並不是為了展現出美麗動人的樣子。起風時，它那搖擺的枝柳就如鞭子般，鞭打著身邊的同伴，經年累月下，再健壯的頂芽也無法承受這種酷刑——繼續抽高往上生長這件事暫時就被抑制了——想跟樺樹比高的競爭對手，很難不受干擾阻礙往上長，這點從它們破碎的樹冠和殘缺不全的頂芽就一目了然。

樹冠大小

樹木是群居的生物，如同每個群體一樣，樹木之間也是有階級的。最上層的樹木如字面上的意思，也是地位最高的，其樹梢位居於所有樹木之上。在這裡，陽光無阻礙地肆意普照著葉子，這表示樹木可以源源不絕的生產糖液與木質組織。

在你家花園或是公園裡，幾乎所有的樹木都保持適度且互不干擾的距離。然而在森林裡就截然不同，有上千種樹木互相爭奪陽光，

樹木的最上層能得到最佳的光線，形成廣大的樹冠。

它們之間不會因此而互鬥（參看第七章「樹枝的工作」），但每棵樹都扮演著不同的角色與地位。我們甚至可以將樹木的階級結構與狼群相比。在狼群裡，每隻狼都想當統領，但是，位居下位者其實也能從群體中獲得利益，雙方是相輔相成的。

在森林中，統治者都是身材高大健壯的樹木，它們具有朝向四面八方、均勻有致，長成巨大樹冠的能力。它們的樹枝滿載著約二十萬片葉子，總面積大約有一千平方公尺寬，針葉樹的面積則更大，又比闊葉樹多了幾平方公尺。大樹身旁的樹木雖然與大樹有著同樣的身高，不過樹冠向外伸展的幅員相當有限，因為它們只能占據兩棵大樹間樹冠的空隙。當花期來臨，也只有部分的樹梢能享受充足日光浴。就是因為樹枝較短、能承載的樹葉較少，跟身為統治者的大樹相比，它們所產生的能量便相對少了許多。

讓我們更深入並仔細的說明樹木的階級順位，如字面上的意思，我們開始來往下看。最上面的樹冠層已被前面提到的兩種階級完全占據，其他的樹木已無多餘的生長空間。由於沒有長到最上面的樓層，必然要等待。這個階級的樹木大多比統治者矮小好幾公尺，無法直接受到日光照射，除了樹冠顯得較窄，樹枝也較細，枝椏經常只是往旁邊伸展，顯得垂頭喪氣。假設將它們看作皇儲後裔，它們的命運就如英國查爾斯王子，幾乎要經歷無限漫長的等待，才能輪到接班。不過在等待時期，它仍必須精神

小樹苗好幾十年一直在光線不足的環境下苟延殘喘，
某天當身邊的大樹消失，才能再自由擁抱陽光。

抖擻，不允許怠惰。終有一天，當國王累了，歸天了，把握先機，趕在其他樹木趁虛而入之前，快快把空出的樹洞占滿。一旦疏忽，當其他等著候補的樹木將缺漏的樹冠層補滿，簾幕（樹冠層）便會再次拉上。到時，至少得再等上兩百年，皇儲才有機會接班。然而，並不是每棵樹木都能禁得起漫長等待，很多樹木在等待期間就與世長辭，化為腐植質。

在森林散步時，我們只能從下往上觀察，經常無法一目了然的辨識出樹木的階級順位。有個簡易的輔助識別法：就是觀察樹幹的直徑大小。我們得到的定律是：樹幹愈粗大，地位就愈高。一般來說，森林的大樹長得最快，得到的日照最多，並能產出最多的糖液、蛋白質，以及木質組織。在大樹之下的小灌木則經年累月如竹竿細枝一般，待在光線不足的暗處裡緩慢地生長。它們的生長速度有多慢呢？以我所管理林區的樹木為例做更清楚的說明：有一棵小樹的樹幹直徑約十公分，只有六公尺高，長在兩百歲的老山毛櫸旁。小樹平鋪伸張的樹枝告訴我們，它暫時放棄為了爭得光線比誰長得高、長得快的鬥爭，然而我們估計它的年齡已經一百五十歲了，幾乎是讓人難以相信的高壽。

纖瘦或粗壯的選擇

樹木必須長命百歲才能傳宗接代，因為它們一方面要在激烈的生存競爭中脫穎而出，一方面又要經歷多次的開花結果，才至少出現一顆帶著自己基因的種子長成大樹、傳承血脈。

光線是樹木決定輸贏的主要因素。誰能夠伸展最廣闊的樹冠，讓所有的葉子終日獲得日照，誰就是人生勝利組。所以，所有樹木都會盡可能地努力長高，把同伴遠遠拋在後頭。誰長得比較高大，誰就占有優勢。只是隨著樹幹愈高，槓桿效應也愈大。

當樹木愈粗大，它的樹葉與枝幹可達幾公噸重，想要平穩的站立在地面就愈困難，這就像踩高蹺的人一樣，想要踩得更高，桿子就要更長，也愈難穩穩站立。

一旦溫帶氣旋來襲，樹幹的根株必須承受因槓桿效應而產生的巨大阻力，十二級風力的阻力換算結果是一千牛頓米（Kilonewtonmeter）。這個物理單位表示樹木正承受著一股約一百公噸重量的推力。難怪有些樹木遇強風時，就如折斷的火柴棒，被輕而易舉的攔腰折斷。

理論上，樹木可以把樹幹加粗到能夠抵拒任何溫帶氣旋的侵襲。只要樹幹直徑加倍，穩固度就能增強八倍。那麼樹木為何不乾脆長粗一些就好了呢？

生長在花園或公園的樹木以及街邊的行道樹都有足夠空間生長，便可把樹幹長得粗壯結實以抵抗溫帶氣旋。它們的樹幹不但粗壯並強而有力，有時候還粗得不成比例。這些樹木過得起這種長出過粗基幹的奢侈生活，是因為它們身旁沒有任何競爭者。一旦競爭對手出現，每棵樹木就必須細細思量，它是否應該把精力全力投資在往上生長，而不是增加自己基幹的寬度。因為一旦誤判而錯失良機，充滿陽光的生長機會便稍縱即逝，換來的便是長期在黑暗裡苟延殘喘。

每棵樹木都能非常準確估算需投注多少力量防止風害，以維持其穩定性。若是樹幹有一部分的結構太虛弱，當強風吹襲，樹幹一彎曲，便會導致部分樹幹細胞被拉扯或是擠壓。「唉喲，好痛！」為了防止未來再受到同樣的傷害，樹木會分生更多的木質組織讓樹幹加速變粗。所以樹幹並不是固定每年都胖一圈，而是會依它的生長環境決定樹幹的胖瘦。但是樹木這樣的生長策略有一個問題：樹木是一種生長緩慢的生物，它們假設外在環境很少會改變，它們以為秋天常來襲的溫帶氣旋或身邊的鄰居會一直都在。當樹木生活在一個緊密相依的森林裡，是否就代表每次的疾風吹襲，它都可以靠在別人身上降低風阻呢？還是在它附近有幾棵長得特別高大的樹木，可以緩和強烈暴風的吹襲呢？如果是這樣，樹木就可以把能量投資在拔高上，身材則繼續保持苗條纖瘦。

如今人們為了方便大量的培育苗木以供己用，都是把樹木栽種在一塊塊的苗圃裡。這表示隨時有某棵樹木會被砍掉，使得它的同儕為此失去平衡，就好像樹木突然沒有好友強壯的臂膀可以依靠，這個突然的變化使樹木必須花費三到二十年的時間適應，一直到樹木將樹幹加粗到沒有任何人為干預之前，就能夠單獨抵抗溫帶氣旋的程度，才能彌補缺少同儕支撐力量所造成的損失。然而，溫帶氣旋對樹木來說，在這段重新適應新環境期間是最危險的，而且常常出現災難性般的連鎖反應。不穩定的樹木被吹倒後會倒在旁邊的樹木上，鄰居承受不了它的重量也連帶倒下，就像骨牌一樣。這種現象在密集並整齊排列栽植的人造針葉樹林區內非常常見。它們的行為模式與麥田區的麥子如出一轍，暴風雷雨後總是一片垂頭喪氣，倒向同一邊。我們在冬日暴風雨後就經常聽到媒體報導山區一整片森林被吹倒在地的新聞。

不過在原生森林裡，並不會發生以上的情況。林中巨大粗壯的樹木會掌握大局，抵擋並阻撓猛烈的暴風。當暴風中心過境時，在不斷與大樹碰撞的狀況下，暴風被打散成一小股一小股的陣風，減輕不少風害，躲避在背風面的年輕的小樹因此受到保護。萬一某棵大樹真的遇難夭折，林下的皇儲已準備好立即繼承樹冠空隙。

寫真：雲杉

歐洲紅雲杉（Rotfichte；*Picea abies*）是德國唯一的原生雲杉。阿爾卑斯山脈較高的山區及德國中部山區（或生長於一千公尺以上的巴伐利亞森林區）是它的原生地，在過去百分之九十九的中歐平原區內，無法找到它們的蹤跡。

雲杉的故鄉為北方針葉林（Taiga），具有喜歡溼冷和偏愛涼夏的特性。可惜中歐地區無法滿足這些天然之需，導致它們易生病及受蟲害。如今它們因為被種植於人為改變的土壤中（指過去的農地及草原），根部生長得非常淺，所以很容易成為風害的犧牲者。因此，雲杉最高可以長到四十公尺，但擁有它是件危險的事，最好別把它種在自家花園內。

再補充一下雲杉的毬果：當成熟的毬果脫離枝幹後，整顆果實會完整地落到土地上（適合孩童們做來收撿毬果的遊戲）。毬果也被用來識別雲杉與冷杉，因為它們經常被混淆、誤稱。冷杉的毬果總是在樹枝上就分散成碎屑，像拼圖一樣散落而下。

第五章 神祕的樹根

樹根究竟如何運輸水分，至今有一部分仍是一個謎團。在成長的過程中，依不同品種發育成熟的大樹，最高必須克服達一百三十公尺的高度。用目前一般通俗的學理，也無法解釋此輸送原理。

樹根可算是樹木最神祕的器官，它是樹的雙腳、嘴唇，同時也是心臟。樹根守護樹木在地面上重達好幾公噸的部分，吸收水分及養料後，將它們往上吸取送至樹幹及樹枝。

樹根究竟如何運輸水分，至今仍是一個謎團。在成長的過程中，每棵樹木必須克服不同高度的生長，最高可到一百三十公尺高（地球上樹木高度的最高紀錄）。就算是德國本地樹種，樹木平均只長到四十公尺，用一般通俗的學理，也無法解釋此輸送原理。

通常樹木將水分汲取輸送至樹梢所需的壓力，是打氣充飽一個汽車輪胎的二到三倍，科學家稱這種作用力為「毛細作用力」（Kapillarkraft），就像咖啡杯杯沿的液體會比杯子的邊緣稍微高幾公釐而不外溢。另外還要加上「蒸散作用」（Transpiration），就是當樹葉開始呼吸、釋放水蒸氣時，吸水張力將水分由下往上輸送的一種力量。然而，這兩種力量加起來，並不足以成為能讓水分從根部往上輸送所需的壓力。

事實上，蒸散作用對樹木運輸水分而言，不是那麼的重要。從觀察每年早春發芽時就能看出端倪。葉萌之前，新芽爭鳴，是樹木一年內水壓壓力的最高峰。若想從樺樹或是糖楓楓樹中抽取樹汁，此時正是時候，樹汁會因為壓力增加往上衝射，汁液流動的聲音用聽診器就能清楚聽見。然而這時的枝椏其實光禿無葉，樹的蒸散作用根本無法發揮抽水的功能。所以，從這點就可以確定樹根的確能主動泵水，樹木並不是靠蒸散作用運輸水分。

土壤的差異

學術上會將適宜各個不同樹種生長的土壤類型加以分類。赤楊屬（Erlen）特別容易生長在地下積水的土質中，而且長得很好，樹根也不致於腐爛。除此以外，還有很多種類的樹木也是耐水性的。

對於其他種類的樹木而言，如深土性、溼地性，或是適合乾燥地區、只需要少量養分等土質的論點是有爭議性的。因為基本上所有的樹木都喜好生長在肥沃、鬆軟及溼潤的土壤。不同樹種的生長取決於不同的土壤，這種理想的天然環境通常只有幾個種類能夠獨享。

不論哪種樹木，一旦適應，便完全不需人為的操作種植，物競天擇的自然生態潛能會自然展現。在中歐，大部分地區最適宜山毛櫸的生長，假如林務人員、都市計畫的主管人員或是花園的主人，沒有種植其他樹種，那麼該地區必將成為山毛櫸的原始森林區。

山毛櫸生生不息、持續地生長到高齡，並以大樹冠驅逐其他樹種，它用繁密的葉擋住光線，直到樹冠下被驅趕的對手死去。至今五千年來，山毛櫸從南歐往北歐大舉前進，征戰到瑞典南部大放異彩，若是人類沒有出現阻止的話。

山毛櫸天生屬富貴命，一旦遭遇堅苦環境，生長就會出現問題。雖然它能夠稍微忍耐乾旱、養料不足、土質平淺多石這類如「飢餓療法」（Hungerkuren）的苦刑，但在這種狀況下，山毛櫸的強大競爭力便無法發揮。有別於其他樹種，比如橡樹，便很明顯的更能耐乾旱、酷寒。當山毛櫸的生命結束時，橡樹自然步步緊逼，以其人之道，還治其人的姿態取代其領域。若觀察柏林近郊的布蘭登堡區域（Brandenburg）就會發現，由於乾燥大陸型氣候（Kontinentalklima）的影響，那裡的林地已從天然山毛櫸森林變成橡樹林林相。

終年常綠的針葉樹具有非常好的環境應變能力。在夏日期間比較短暫的地區，植物的生長發育期隨之縮短，分秒必爭，生長速度以日計算。當其他地區的闊葉樹在短春時光非常吃力的張開葉子時，對手已經開始產生糖液與木質組織，瑞典中部地區由闊葉樹林相轉成針葉林區就是最好的寫照。

總而言之，可以說所有的樹木都喜歡長在適合它們的環境。環境愈惡劣，愈被更多其他隨和、不挑剔的樹種取代。以自家花園為例，只要是優質土壤就適合各種樹木生長，當環境不佳時，則利於苦行僧的樹種，它們能充分表現其專長，挑戰環境造成的各種極限。

岌岌可危的候選人

的確有幾種樹木的樹根能深植土裡，像橡樹、冷杉等。跟其他的樹木相比，它們的樹根不但儲水性佳且抗風力較強。我經常聽到並讀到各樣的樹根，像直根（Pfahlwurzel）、心狀根（Herzwurzel），或淺根（Flachwurzel）等❶。不過我想說的是，其實這些都是無稽之談。特別是淺根（指的是雲杉樹根），經常被媒體與颶風損

受損的土壤除了會使雲杉形成淺根系，對其他樹種而言也是一樣。
當颶風來襲，樹木橫倒地上，將會是司空見慣的狀況。

害相提並論，跟我同行的夥伴也總愛不厭其煩地提及。

樹根除了用來吸收養料，也是支撐樹木的重要器官，樹木缺少了樹根，必定倒地。假若由天生自然的基因決定，形成弱不禁風的樹根系統，進化是毫不留情、心狠手辣，絕無樹木存在的可能性。凜冽冬風將會把那些淺根樹系樹種淘汰，讓更適合的樹種繼續生存，這也是物競天擇的道理。

因為雲杉被集中在氣

候較暖和與土質不佳的地區，才有淺根傳說的迷思。天然雲杉的故鄉在地球北部的針葉帶林區，那裡原是氣候寒冷且多雨。從早春，夏天到秋天，短短幾周時光，使適合擺在客廳當聖誕樹的雲杉，長得比一棵百歲的樹木還高大。

但是，當雲杉被南遷（也就是來到德國），一年整整有六個月的生長時間，卻達到全然不同的生長規模。更令人厭惡的是，雲杉還經常被栽植於過去的農地上。十八世紀前，德國的森林地幾乎消失殆盡，都被改成農地、牧地。病懨懨的牲畜拖拉著犁具翻刻土壤，就為那稀少微薄的收成做準備。犁具不但挖掘翻覆土壤二十公分深，被挖掘的土地因為一再的被塗抹填平，造成土壤的通氣渠道與微孔堵塞，使較深土層的氧氣傳送被中斷，土壤的生命漸漸死去。例如太高的坡地已無法做為耕作農地使用，因為那裡經常要牧羊，而被改成放牧場，如此對土壤造成的破壞與犁農如出一轍，沒有兩樣。

在這樣的狀況下，土壤的排水也被破壞了。下雨後，土表二十公分深的區域像一個積滿水的浴缸，幾周後才能完全乾涸。至今這些被破壞的土壤已無法痊癒。同時，

譯註

① 直根，最粗的主根，垂直向下生長，再從主根長出鬚根；心狀根，放射狀形態生長，主根橫切面呈心形；淺根，根在地面上盤纏生長，遇大風易倒地。

土壤經大型森林與農作機具重量的壓實，造成微孔孔隙結構的破壞，也已經破壞土壤水分的疏通。

大部分樹根都是敏感的，雲杉的根也不例外。雲杉的根部長期生長在倍受虐待的土壤中，將缺氧窒息而死，再也無法深入穿透二十公分以下的土壤。因此，以雲杉或其同類樹種的高度來看，它們來到我們這兒，鐵定需要比較長的生長時期，加上無力、快窒息的根部，輕鬆地成為颶風下的犧牲品。

請觀察那些被颶風吹倒的樹木的根盤，它們像被刮鬍刀切刮過般的光滑，厚度很少多於二十公分長，這恰好是中世紀犁鞋的鞋底長度，或是與近代因遭遇重器械密集施壓造成土壤傷害的深度一樣。可以說，大部分的雲杉林都種植於被虐待過的土壤裡，所以誕生了淺根系樹種的荒誕神話。

幾乎所有的淺根樹種，例如果樹或山毛櫸，都是生長成如此的淺根盤，只有少數幾個例外。如果你想在已經受損的方寸之地栽種樹木，種植橡樹或是銀冷杉應是不錯的選擇。因為它們的根將深植穿透通氣不良的土壤層，重新活化土質。

橫向發展

當樹木生長時，樹根也必須同時成長。土表的「生物質量」（Biomasse）❷愈多，需要供應的水分與養料必須更多，樹根才能在土壤無堵塞並通暢的狀態下，獲取足夠並不間斷的原料，迅速的在地表生長，同時也確保樹木穩固的能力，當暴風來臨時，能緊抓住地面。

原則上，樹根的分布範圍與樹冠同樣大小。想像將樹冠直徑投影在樹幹周圍的地上，就可以知道樹根的範圍，但這只是理論上的理想狀況。實務上，當樹木筆直生長，樹根是自由自在地往外遠遠的伸展，在花園與公園裡正應驗這個道理。園裡樹木底下的樹根支脈會比樹冠半徑長十公尺，甚至更多，樹根肆意地在草地上竄生，使得這些樹木長得特別穩固。相反的，緊密相間生長的樹木經常因為其根莖的範圍太小，必須仰賴身旁的樹木同伴相互倚靠，才能穩固不倒。

譯註

② 生物質量分生態與能源的概念，定義眾說紛紜。這裡是生態的概念，指特定範圍的生態系統或物群，即某植物、動物或微生物的數量、重量與能量。

幫手的效用

真菌（Pilze）是特別的生物，它們與動植物不同，自成一格，有著自己的領域。真菌不進行光合作用，其養分取得與動物一樣，仰賴其他的生物。許多真菌細胞纖維壁由甲殼素（Chitin）構成。甲殼素是一種不會在植物，但是會在昆蟲身上出現的物質；不少真菌的特質顯示出它們比較像動物。

菌根（Mykorrhiza）是樹木與真菌共生的重要特別型態。有如細柔編織物的真菌與樹木的細根交織，將根系面積放大好幾倍。菌根會像棉花球般，從土壤吸收水分與養料，再繼續供給回饋給樹根。這項工作也使它從樹木獲得應有的回饋報酬，樹木會從上層往下輸送糖分及碳水化合物給「地下工作者」（菌根），以維持其生存。

除養分共享外，真菌還會順便保護根尖，不受有機體病原細菌或噬菌的感染。真菌根（Mykorrhizapilze）也是養分與水分的中間儲蓄站，當樹木養料不足時，仍可以繼續進行光合作用。

樹木當然要感謝這些「外籍勞工」，但樹木卻不一定永遠忠貞不移，忠心耿耿。當某些菌種滅亡或消失時，樹木本身便先抗禦保命，不然只能隨著環境條件的改變變更幫手（其他真菌）。許多不同種類的真菌，對不同種類的樹木都能適應良好，和它們和睦相處。例如不論在山毛櫸樹或是雲杉林區內，都能看到牛肝菌（Steinpilz，*Boletus edulis*）。

有幾種真菌會與某些特定樹木患難與共、生死同盟；從樹的名稱就能猜出它們之間相互伴隨的關係。比如「鐵鏽紅落葉松牛肝菌」（Rostroter Lärchenröhrling），「樺樹真菌」（Birkenpilz）或是「橡樹傘菌紅菇」（Eichenreizker）等，這些真菌都能在名稱中所稱呼的樹種的樹樁下找到。其實，露出地表的真菌只是它的子實體（Fruchtkörper）❸，就像長在樹上的蘋果一樣。地底下廣大的分枝網絡才是它的本尊，當你將樹木樁腳周圍的落葉稍微往旁撥開，白色菌狀的菌絲網便一覽無遺。至於它是屬於哪種菌種呢？最快要等到處暑或秋天時，子實體出土後，才能被清楚辨認。

當你採收菌菇時，不管是旋扭摘下或是切採取下，地底下的菌絲網都不至於被破壞。若你有意幫忙，採菌時請不要忘了至少留下一棵子實體，如此將有助菌絲永續擴展。在美麗的菌帽、菌蓋下，每小時會釋放出數百萬的孢子，在空氣中隨風飄散，落腳於有潛力成為共生摯友的樹種下。

譯註

③ 子實體，高等真菌的多細胞產孢結構體，是真菌物種特徵鑑別的重要依據。比如長在地面上，狀如傘狀，通稱菇或蕈。在地底生長，我們多稱為松露。

重力腿的作用

粗壯並含木質纖維的樹根，提供樹木如人類腿部相同的功能。樹根就像老舊教堂牆壁的屋椿會凸出牆面約半公尺的道理一樣，會幫忙支撐地面上生物質量的重量，使樹幹能夠挺直站立。令人非常驚訝、驚奇的是，樹根要具備難以想像的承載力量才禁得起風暴的考驗。當颶風風速達每小時一百公里時，一棵約四十公尺高的樹木需施展非常大的槓桿力，才能使木頭完整無損。

你曾經因為好玩而試過失衡、站不穩的狀態嗎？你會發生的直接反射反應就是其中有一隻腿向後踩並豎直支撐，樹木也會有類似的反應。當地區性風向傾向吹同一方向時，樹幹在背風面會特別長出粗壯的「支撐根」（Stützwurzel）。此時直立如蠟燭的樹木，遇風搖擺時，其強壯的支撐根確能使我們辨識風從哪裡來。至於為何會長出歪斜結構的樹幹？後面我會說明。

同時，樹木如何能辨別風向，知道風偏愛往哪個方向吹呢？樹木是從苦難的大自然裡學得這種辨別經驗。勁風激烈造成樹幹小小的縫裂，引發過度呈現弧狀的拉伸，很像孕婦妊娠紋的撕裂。樹木能感受到過度拉扯的痛苦，為了避免未來的傷害，自然會加強對應背風面的生長結構。

軀幹長得歪斜的樹木有全然不同的煩惱。除了對抗風向，必須無時無刻與歪斜那邊超重的重量抗衡。為防止傾倒，樹木會越界在另一邊長出支撐根。同時樹木在支撐根的相對邊還會長出更強壯的「伸張根」（Zugwurzel），它跟馬戲團戲帳帳篷外圍用來牽拉以穩固巨大帳身的索繩一樣，有平衡並支撐樹木的功能。

支撐根能透露出更多樹木的行為。大部分樹木都不愛「腳溼溼」，也就是樹根泡著水的感覺。觀察赤楊（Erle）、楊樹（Pappel）、白

當強風來襲，風面傾向一面倒時，支撐根將用來維持樹木的平衡。

蠟樹（Esche）、柳樹（Weide）等河岸專家樹種，可看出樹木總想避開水，但因天生無法遷移，只能盡量往高處逃。支撐根可以證明這個現象，靠水域那邊的根不用長到半公尺的長度就自然消失地表。所以當某棵樹木地表上的根絡讓人尾隨數公尺長，代表這棵樹木有給水的問題。

說到水的問題，持久的風暴總讓樹根根盤如跺腳般不停的轟隆顫動。每次的陣風會使總是搖擺晃動的樹幹一點點地拉扯繫固在地底下的樹根，不斷的鬆動根系，直到整個根盤的土壤被掀起，樹木也隨之倒地不起。這種情況若發生在溼地，跺腳的顫動變成是抽水的動作，每次的狂風，將爛泥水往上輸送。當旋風過後，可清楚看見河岸樹種根區上的溼土堆。

肆意生長的胡鬧

從上方鳥瞰樹根，它就像天上的星辰。樹根在樹椿腳邊四方伸展以支撐樹木，有時粗，有時細，視最大主幹的承受力而定，因此呈現出整齊一致的景象。只有當樹幹直線定向往上長，一直長到造成某種程度、產生緊繃感時——就像帆船桅杆得靠著帆繩緊拉固定一樣——也就是樹根的最大支撐力。只是，這些都只停留於理論中。

事實上，許多樹種並不依循上述的保安規則。有時遇到一些障礙（一個較大的石頭），樹根只好被迫改道生長，或是它們有時就是頑固任性，不遵守法理，肆意生長伸展。不論如何，樹根的隨興特質提高了其生命風險，並加重了形成樹樁樁腳部分的工作。因為改道蠕行，隨意竄生是偏離理想生長型態的方式，必須經由加強樹根協調，才能夠達到健康樹根正確的支撐力。

有些樹種能接受這樣荒謬任性、自踢球門、自作自受的形態，樹根不只是些許，而是非常可觀的偏離常態，形成像圍巾般環繞在樹幹上的根莖。使得往後數年的生長遇到不少困難，纏繞樹幹的根膀阻擋了愈長愈粗的樹幹，也壓迫了樹皮跟輸送管道。雖然樹木本身能超越自己造成的障礙繼續生長，但是必須付出纖維路徑已嚴重偏離的代價。

當強烈陣風來襲，剛好就在樹幹偏軌的地方，因過度虛弱無法正確的避震，不能像加上避震彈簧一樣，必定斷裂。這也是為何類似這樣胡鬧的行徑不太常見，因為不論是誰都想要存活，不願選擇斷裂殘存的命運。

第六章
樹幹的訊息

樹幹是樹木的「名片」。樹幹的外形和樹皮透露出這棵樹木屬於哪個樹種，並能從中看出它目前的生長狀況是完好無缺，還是已遭受真菌侵襲？還能顯示出它是否健康或是趨近死亡。

樹木若沒有樹幹會發生什麼事呢？樹幹是樹木能夠超越其他植物，在太陽下爭得一席之地的關鍵性角色，屬於樹身的重要部分；樹幹的長度也讓樹木成為地球上最高的生物。在生物物種中，需要人類抬頭仰望的實在不多，可能正因為如此，讓我們對樹木有某種程度的敬畏。

樹幹是樹木的「名片」。樹幹的外形和樹皮透露出這棵樹木屬於哪個樹種，並能從中看出它目前的生長狀況是完好無缺，還是已遭受真菌侵襲？還能顯示出它是否健康或是趨近死亡。

對花園的主人來說，這些樹幹透露出的主要特徵非常重要。它代表兩個意義：這棵樹是否足夠穩固來支撐吊床或曬衣繩？同時，佇立在住家附近的那些老樹，是否有能力度過風力與氣候的考驗？

骨骼

如果仔細觀察樹木的木質部（俗稱木材）會發現，在正常情況下，樹木並不會輕易受到重創或死亡。木質部位於樹木的內部，始終受樹皮的保護。想要真正的瞭解樹木，必須仔細觀察這被隱藏的組織。

若想超越其他的植物，樹木就需要堅強的支撐。我們可把樹木的木質部看作人類的骨頭，稱為「樹木的骨頭」。相對於人類的骨頭，樹木的木質部必須更堅強，更禁得起磨難。一棵成年樹木的樹幹重量可達二十公噸，甚至更重，它要能忍受強勁暴風對樹根的拉扯與壓迫，而那強勁暴風的力量比樹幹的重量多出好幾倍。

為了使木質部強韌穩固，木質部的構造就像「玻璃纖維構造」。木質纖維由薄如蟬翼、像棉絮的纖維素（Cellulose）組成，纖維之間的半纖維素分子（Hemicellulose-Moleküle）使木質構造具有彈性。

成束狀的纖維素束及半纖維素束由一種稱為木質素（Lignin）的黏劑包裹，木質素使得這個類似玻璃纖維的表面更堅硬，在木質素生成包覆其表面的過程被稱為「木質化作用」，從這時起，木質部才具有對抗霜害的能力。

木質部的整體結構非常微小，使得它的纖維與黏劑（木質素）只能在顯微鏡下觀察，肉眼無法看到。木質纖維的細胞壁緊密的生長成如蜂窩狀的框架，有些部分堅硬，有些部分強韌，這就是木材。這些構造在我們選擇紙張的時候也能接觸到：市面上販售的除酸紙（holzfreies Papier）是由樹木製成，但是不含木質素，只含纖維素及其他添加物質，這種紙張不太容易變黃。

除了支撐的功用外，樹幹也負責樹木的水分輸送。樹木的輸水系統是用非常微細的管道，把水分從根部往上運到樹冠高處。早春時，木質細胞壁的形狀比盛夏時的大且薄，然後木質細胞在秋天來臨便停止生長，接著就進入冬眠狀態。這個細胞生長的差異使我們能從砍下的樹幹看出一圈圈顏色較淺的春季細胞及較暗的夏日細胞，如此年復一年，顯現出清晰相間的年輪。

隨著樹幹愈來愈粗，樹木舊的輸水管路不再被需要，因為新的輸水管路不斷往外增長，除了這一點以外，樹木的運水容量永遠比樹幹的直徑增長快速，因為最外圈新生的年輪總是比內部舊的寬。一棵樹木的樹幹若變粗兩倍，管路系統則會增大四倍。當樹幹直徑增加到約十公分時，樹木裡頭的輸水管路就太多了：最舊的管路會先被棄用，就像是往外生長新細胞一樣，樹木會向內把舊的輸水管路封起來，木質細胞便會漸漸死去，即使如此，真菌與細菌仍舊無法侵入與感染，因為死去的木質細胞仍會受到外層還活著的組織保護。

為了加強防禦，有些樹種還會在被封起來的輸水管路裡分泌防禦物質，使木材「吃」起來不可口且味道不佳，破壞有可能侵入者的胃口。這些物質使木質部變成紅色或是咖啡色，因此我們可以很容易分辨出被封起來棄用的組織（內部）和活著還具有運輸水分功能的組織（外部）。專業術語上將這兩種不同顏色和特色的組織稱為「心材」（Kernholz）與「邊材」（Splintholz）❶，會有這種現象的樹木有橡樹、松樹、落葉松（Lärche）或花旗松（Douglasie）等樹種，其心材的顏色都會比邊材深。

有缺陷的工程

完美的樹木有著挺直穩固的樹身，而且樹幹如圓柱又勻稱，還有向四方發達伸展的樹冠。這樣的樹木是樹木中的超級名模，是樹木同伴的表率模範。這種完美的身材

譯註

① 邊材為次生木質部的外圍，功能是將水分與礦物質輸送至樹冠，有別於心材，顏色淺也較軟。

如同在人類社會一樣，並不是大多數樹木可以擁有的。

其實造成樹幹歪斜或是樹冠參差、不均勻的原因很多，無論如何，一旦出錯，長出歪曲的樹幹，抱怨也於事無補，反正永遠無法恢復原形。然而問題不是樹木的外表歪斜，這點它完全不在乎。它要擔心的是，因為樹幹歪曲造成單邊超重的枝幹與樹冠所引起的許多問題。還有，當強風迎面吹襲，傾斜的樹木需花更多力氣保持平衡，因為受力不均勻的情況會更嚴重。

許多樹種可以證明樹木並不是束手無策，完全無法應付這種問題，它們會以特別加強某部分樹幹的生長來解決問題。例如它們會將生物質量（能量）平均分配，受到重壓的樹幹部位會大量產生木質部，使此處的年輪寬度比其他部位寬十倍。木質部的組成成分在受壓的部位跟其他的部分也大不相同，在樹幹彎曲的內側，將產生「反應木」（Druckholz），此處會產生超乎尋常大量的木質素，細胞壁也特別粗大。

樹幹在彎曲處的外側會長出「伸張材」（Zugholz），它們的功用與馬戲團帳篷外的營繩一樣，用來撐起帳篷。相對之下，伸張材就非常細短，只有幾公分長，稱為「木質纖維」（Cellulosefasern）。不過團結就是力量，幾百萬個木質纖維合在一起的力量，就能撐住一棵大樹不產生斷裂。

這些特別構造所產生的結果就是樹幹再也不是圓形，而是橢圓形，因為樹幹在不同部位的生長速度不同。對我們來說，這就是一個很好的線索：橢圓狀的樹幹表示樹木的重量分配不均勻，在大部分的情況下，我們從遠處觀察整棵樹時，就多少可以看出這一點。

形成雙主幹的樹幹

很多樹幹剛開始都長得很好，健康又挺立，持續往上生長，長成如「名模」般圓柱狀的樹幹。這種「模範生」般的樹木根本不需要應付任何重量失調的結構調整，可以把能量全然集中在往上長高。有些樹木好像一時太自傲，忽然間念頭一轉，從樹幹中間分叉成兩枝，從分叉起點長出兩根樹幹，稱為「雙主幹」（Zwiesel）。這個現象不僅只有一分為二，也可能分成三根，甚至更多枝幹。不管枝幹分叉的數目有多少，最終要對抗的問題都是相同的，以下以雙主幹為例加以說明。

許多因素會形成雙主幹的樹幹。比如昆蟲特別喜愛吃樹枝中最頂端的芽苞（Knospe），使得樹木喪失主要負責往上長的頂芽，或是樹木會斷斷續續遭受猛烈的寒霜或動物的一番「狠咬」，當然人類也是主要原因之一。不管怎樣，為了繼續活命，樹木除了從任何一個側芽再往上長出新芽外，別無選擇。但是到底要從哪一個芽苞生長呢？其實隨便哪個都無妨，只要樹木能決定哪個側芽是唯一往上生長的主幹，但有時候也會遇到難以決定的狀況。沒辦法做決定的樹木因此會有兩個側芽或更多的側芽一起爭相往上生長，其中一根分枝經過數年後因生長緩慢而漸漸停止，導致最後剩下一根唯一的主幹繼續生長，停止生長的主幹最後變成一根長得極端陡斜、非常易於辨認的樹枝。

若樹木長期的三心二意，無法下定決心由哪根樹幹成為主幹，最後它便會長出兩根一樣粗細，狀如叉子的分叉樹幹。至於這是否會對樹木造成傷害，則要視叉枝起始點的「分叉角度」大小而定。樹幹的分叉角度愈小，分枝間的角度愈陡斜，對樹木的傷害就愈大。

分叉較陡的兩根主幹像張開的食指與中指，看起來如英文字「勝利」（Victory）的字母開頭「V」。如果你把兩根手指頭連續做開合的動作，可以感覺到兩指間有一個連接點，以此類推就能想像這個點正好在樹木兩枝交叉接合的深處，此處就是樹木的最大弱點。遇到每次強風吹襲，這裡都會留下撕裂的傷疤，水與真菌便會從此處入

樹木的薄弱區：一直處於修護狀況的「雙主幹」。

侵，樹幹也會因此被破壞而腐爛。為了對抗病害，樹木會自然的試著在交叉處的外側累積較多的木質部以求支撐穩定。至於兩根樹幹相交的內部，因為雙主幹長粗而互相接觸，已經沒有位置生長木質部穩定枝幹。

同時樹木會用木質細胞把撕裂處蓋起來封住，以阻止真菌的入侵。樹木的修護過程必須快速，因為每次只要溫帶氣旋一來，整個修護過程又從頭開始，一有裂縫便長出木質部，從遠處就能看到在雙主幹連接點左右兩邊，多長出幾公分厚的木材，像蓬臉頰上的腮幫子。因為這工地的修護工程將永不停歇，我們稱這種生長情形為「一直處於修護情況的雙主幹」。對老樹而言，分叉位置已是「非結構枝生長點」（Sollbruchstelle，審註：非結構枝只有連在皮上，沒有跟樹木的髓心連起來，所以都很容易折斷，而此點便是形容非結構枝的連結處）。當秋天溫帶氣旋肆虐、吹穿樹梢，其中一根分叉幹會折臂斷落而下；傷口也愈裂愈深，終有一天會深到地上，直接將雙主幹一分為二，連基部主幹都會被撕裂，嚴重情況更會使樹木各分兩半倒地不起。

若是雙主幹長得像測音準的「音叉」，情況就不一樣了。這種雙主幹在分叉樹枝部位所彎曲的角度比較緩和，不像「V」字這麼唐突，而成「U」字狀，如此一來，就不是一直處於修護狀況的雙主幹。面對溫帶氣旋來襲，U形雙主幹的樹木有足夠的韌性不會造成連接處撕裂，所以可以安康存活，長命百歲。

條狀隆起與裂痕

一棵樹木在一生中會遭遇無數次的溫帶氣旋，每當暴風來襲、鞭打樹冠，都在考驗樹幹結構是否能夠承受。凡是細胞纖維生長不均衡，樹幹彎曲或形成雙主幹的樹木等，都有被撕裂的可能。

唉呀！樹木是真的可以感受到被撕裂的疼痛，這種疼痛跟因受傷而立即發出讓人無法忽視的警告訊號，有什麼不一樣呢？所以我們應該坦然相信，樹木受傷後也是會感覺到極度痛苦的。

然而，這個裂縫對樹木而言非常危險，真菌很可能會立即侵入樹幹。當溫帶氣旋風勢緩和時，裂縫其實常常只有一根頭髮的寬度不到，對於不請自來的不速之客而言，侵入通路非常窄小。但千萬不能就此大意、感到安心，因為下一次雷電交加的暴風雨，就可能使樹木之前的舊傷口，因雨水大量滲入而從中裂開。所以樹木必須盡快想辦法使傷口復合，為封閉隙縫樹木在樹幹的裂傷處產生更多的木質素；又因裂縫經常特別深入髓心，傷口癒合處便必須特別補強，因為裂痕附近的樹幹的支撐力已經沒

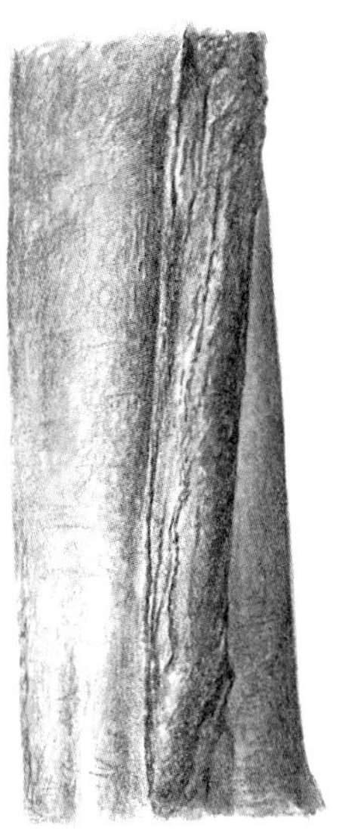

樹幹上的條狀隆起是從前樹幹裂開的地方。

有受傷前那麼強韌。

對樹木而言，「盡快」是相對的概念。修復的工作有時需要拖延好幾年，而比較倒楣的樹木，當其正在修復中卻又遇到突來的溫帶氣旋，使修護的地方再次分裂，一切得再重新開始。

若是樹木的修補工作有了結果，裂痕處就會長出粗厚堅固的木材。從此以後，它每日一點一滴修復的進度都會在樹幹上留下一輩子的疤痕，裝飾在樹幹上的條狀隆起就是在敘說著它受折磨的經歷（審註：因為一個裂痕原本又小又短，隨著時間過去，樹幹往上生長的同時，也往裂痕處修補並增加木質，整個傷口在幾年後隨著樹木往上生長就會成為條狀隆起）。

波浪狀生長的紋路

你認識居氏鼬鯊（*Galeocerdo cuvier*）嗎？牠們又與樹木有何關係呢？兩者的皮膚是把它們連在一起的關鍵。居氏鼬鯊在背部和魚鰭上有斑紋，這些斑紋讓牠完美的融入水光交錯的背景而不被發覺。樹木中也會帶有類似的斑紋，一些樹幹表皮光滑的樹種如山毛櫸，偶爾帶著這些特別的斑紋引人注目。不過只有很少數的山毛櫸身上會有這些紋路，而紋路的作用也不是用來偽裝。這些細小的帶狀波浪紋所呈現的是木質纖維異常的生長情況，而且這些紋路會從樹皮表面一直延伸到樹幹中心。

那麼為什麼會造成這種紋路呢？我們其實不知道。可能是因溫帶氣旋使樹幹彎曲纖維因此受到壓迫，或是天然基因的關係，反正在大部分的森林或公園裡，都可以找到一些跟「正常樹木」不一樣的樹木。小提琴、吉他與鋼琴的樂器工匠特別喜好帶斑紋的木材，因為這種木材讓樂器有著獨特、光滑閃爍、波狀條紋的外表。

腐蝕

在樹木底部，樹根與真菌相處各蒙其利，然而往上走，樹幹跟真菌卻是天生犯沖，一旦真菌進犯到樹幹，樹木的日子可就難過了。當然在樹幹上蹓躂的真菌與根部的真菌是不同物種，而在生態界中，喜好「木頭餐」饗宴的天然真菌類超過一千二百多種！

真菌需要適當的空氣與溼度的環境才能生存，無法在過度潮溼的環境下存活。這就是為什麼人們會把木頭泡在水裡儲存，以避免真菌腐蝕木頭，這樣便可使木材得以長期保存，不腐壞、不變形。

樹幹上長出懸托傘狀的多孔菌目，
表示這棵樹健康情況已經受損。

樹幹天生就具有保護作用，防止外來者入侵，就如同人類身上的皮膚，保護我們不受細菌和其他病原的侵害，樹皮也就是樹木的皮膚，能阻擋各種細菌與病害。所以只要樹木健康，樹皮完好無損，就不用擔心會遭受菌害。只是，就像人總有旦夕禍福，幾乎所有的樹木在其一生中總會遇到病害。比如樹冠中的某根主幹被強風暴雨打斷，大面積的傷口暴露在外，使樹身不再完整健康，或是啄木鳥挑中粗壯的樹幹成為牠的家，即使大家都聽說啄木鳥只會選生病的樹木蓋房子，但這不是真的，啄木鳥也會選健康的樹木啄食。當啄木鳥啄穿樹木的樹皮時，真菌就像收到正式晚宴會的邀請函，大喇喇地來拜訪，這些不速之客讓樹木倍受威脅，造成疾病纏身。我在第二十章「生病的樹木」裡，將有更詳盡的說明。

依照哪個樹幹的部位先被腐蝕，大致可把真菌分成兩大類說明：一類是褐腐（Braunfäule），一類是白腐（Weißfäule）。

褐腐的真菌主要是分解纖維素的纖維，一旦纖維素被分解得差不多，樹幹就會只剩下咖啡色的木質部（審註：纖維素是白色的，都被分解光了，所以木頭看起來變得只剩下咖啡色），木材被瓦解得支離破碎，變成一塊塊、一片片。白腐的真菌剛好相反，它對顏色較淡、含纖維量高又容易啃食的纖維素大餐不屑一顧，主要是腐蝕木質素部分。

每立方公尺體積的空氣中，約持續漂浮著一千至一萬個真菌孢子，所以當樹幹受傷後，常常會發生同時間被多種真菌侵襲的情形，真菌間開始互相爭鬥，搶攻樹幹中營養最豐富的地方。當兩種不同的真菌相遇，在前線短兵相接時，它們便各自產生分泌物保護自己，這個分泌物會被細菌感染而變成黑色。當你燃燒木材時，可以觀察被輕微腐蝕木材的橫切面，能見到暗色、細條紋的真菌的兩軍大戰分界線，分布於界線左右兩邊區域的真菌，依種類和樹幹區域，顏色通常不一樣。

真菌也可以當成樹木健康與否的重要指標，若樹幹上長出所謂「多孔菌目」（Konsolenpilz）的子實體，有一半就像半個盤子懸托於樹幹上，另一半是長在樹身裡，進行腐蝕分解程序。當這種子實體出現在樹幹上，代表一種善意的預警，告訴我們這棵樹木應只有幾年存活的光陰了。

雷擊

森林裡的雷擊恐怖嚇人，我們千萬不能站在樹下，但站在樹下真的就像站在一個特大號導電體下嗎？樹木真能導電使人受傷嗎？或許有句關於雷電的諺語，可以讓你在森林裡遇到打雷時有所幫助：「應找山毛櫸躲雷神，遠離不可倚靠的橡樹。」

閃電是如何造成樹木的傷害呢？閃電劈下來後，電流會順著樹幹外側含水的邊材找出路（審註：含水就會導電），高壓電流將邊材內的水分蒸發成高溫高壓的蒸氣，電流經過的樹皮承受不住，便會被爆開炸到空中。

我們確實能在一些橡樹的樹幹上找到樹皮的痕跡，但在山毛櫸的樹幹上找不到，這並不代表印證了上面那句諺語的說法，更不能保證山毛櫸提供了任何特別的安全保障。因為山毛櫸遭雷電襲擊的機會並沒有比橡樹少，差別是，當它遭受雷擊時，不會在樹幹上留下任何痕跡。這與樹皮的不同結構有關係：橡樹的樹皮粗糙、深溝縱裂橫裂交錯，下雨時，雨水有如沿著凹凸階梯往下流，水流下瀉時形成的許多迷你瀑布，使得「水膜」被打斷，也代表導電中斷。雷襲時，雷電通常都會找最小電阻的傳電路徑送至地平面。若屬於樹皮粗糙的樹種，電流就是經由充滿輸水管路的邊材傳導；反之，樹皮光滑的樹幹像山毛櫸，因樹皮光滑使水膜平滑連續，雷電能輕鬆的從樹皮外層順沿著往地面導電，使樹幹毫髮無損。所以，從前的諺語很可惜是一項誤解，而這樣的推斷與誤解，則是因為人們發現山毛櫸受到雷擊卻無損傷的狀態而造成。

其實雷電可造成更大的危險，引發完全不同的災害。我在森林已發現許多樹幹布滿木頭碎片，看起來像插滿刀子的飛刀練習牆，其原因是同伴被雷擊倒，同伴的木頭碎片便以爆裂的高速衝擊力向四方飛射，插入鄰樹的樹幹。從觀察的結果來看，幾乎每次的活炸彈都是針葉樹種。同時我也觀察到其他的現象只在針葉樹林區會發生：不是只有被劈中的樹木會遭殃，有時強大的雷電電荷將波及廣大面積，方圓幾哩內的樹木都將同時活生生的葬送在雷電的威力下。

樹木被雷擊的事件並不特別常見，想想看，你認識多少有雷擊溝紋的粗皮樹種呢？你只要算算很多樹種都可以活個幾百年，這樣一來就能清楚知道，在森林被雷擊中的機率是很少發生的。樹木遭雷擊後能再存活幾年呢？很明顯的，真正遭雷擊的樹木實在相當少見。所以當你正好不是在圓緩的山頂上散步，而是在樹下時，被雷擊中的機率不會因此特別高。

根株萌芽

德國女歌星亞歷山卓的〈樹啊！我的朋友〉（Mein Freund, der Baum）❷這首歌詞提到，樹木被砍伐後，將隨即甦醒，萌生新芽，指的就是樹木從根株再次萌生新苗，稱為「根株萌芽」（Stockausschlag）。拜原有樹木的廣大根系之賜，供應充足過剩的水與養料，新苗以像噴射機一樣的速度快速往上抽長。但沒幾年光影，這般欣欣向榮的景象如曇花一現，稍縱即逝，老樹廣大的根系沒辦法從小小的樹苗得到營養，所以大部分將漸漸枯萎，所留下來的根系就是小樹能供給支持的大小。

不是所有的樹種都具有根株萌芽的能力。特別是針葉樹的根株，通常它們面對慘痛失敗後，無法再次重新出發，想重生新苗有相當的困難。相反的，當闊葉樹種被砍伐後，會立即展開抽生新苗再次出發。

譯註

② 一九六八年德國女歌星亞歷山卓（Alexandra）唱的一首關於與樹木生死之交的歌曲，其寓意為人類應與樹木為友。與文中相關的歌詞是：我將祕密的等待，或許屋前的花園綠意盎然、花團錦簇，然後樹木甦醒，開啟新興生命……（ich werde heimlich darauf warten, vielleicht blueht vor dem Haus ein Garten, und er erwacht zu neuem Leben……）。

根株萌芽的優點是矮林每二十至四十年被砍伐後，能循環再生。過去幾百年來，這項優點帶給赤貧的農莊人口許多好處。剛開始，平原被用來農業耕作，休耕後幾年才慢慢演變成森林用地，這樣年復一年，林木一再被砍伐，根株萌芽後又成為年輕的萌芽林，很快的又再砍伐，如此下去，林木永遠無法茂盛高壯，這種森林經營的方式被稱為的「矮林作業」（Niederwald）。

觀察根株上布滿結球的疙瘩，很容易就能知道它根株萌芽的過去歲月。凹凸隆起的部分多數特別

在老樹的根株上，一個新生命醒了過來。

集中在根株同一邊。我們經常能隱約看到老殘根的外形輪廓，雖然根系中間早已完全腐朽枯萎。嚴格來說，新抽的萌芽只是被砍伐樹木的新芽，也就是說，這棵樹實際上的年齡已經比新苗老很多，部分樹種的壽命上限會因為有這段過去，而再延長一倍。

被砍伐後的闊葉樹會立即在根株上長出數不清的萌芽，好似必須事先互相取得共識，以決定誰該是未來的主幹。只是在萌芽生長中，任誰也不願相讓，到頭來。新苗爭相一起成束的往上抽長。就像新生的橡樹、千金榆，或是白蠟等樹種，經常互相簇擁推擠如插在花瓶中的花束，使得它們未來的命運渺茫未定，唯一能清楚確定的是，因為沒有足夠的生長空間，不是每棵新苗都能長成大樹。

有時歷經多年，會長出一棵特別強壯的菁英領先所有的同伴，力爭上游往上生長，獲取愈來愈多的日照，使得其他矮小的新苗逐漸萎縮。反之，新芽若選擇全部爭相往上生長，沒有任何的同伴脫穎而出，枝幹會漸漸因長粗而互相碰撞，最後合而為一。反正所有的新苗都出於同源、同一個根株，一起成長，最後結合為一體。剛開始還能清楚辨認每棵新苗，多年後剩下的是一根巨幹，樹幹則帶著剛開始眾多萌芽叢生時所留下的數不清溝痕皺紋。

有時情況是樹幹之間不想結合，想各立門戶，這時樹木的整體生長便將每況愈下。每個新長出的新苗只能靠著根株邊緣支撐，根系也只能向側邊生長，因為根株中心部分已被原本的根系先卡位了。

如同前述所提，新苗爭相一起往上抽長時，每棵枝幹得不到完整的支撐力。當這些新枝幹長到某一個高度時，所需要支撐樹冠的槓桿應力就愈強大，經年累月之後，成群的新苗就會一個個漸漸分開斷裂。橡樹與歐洲栗子樹（Esskastanien）等樹種比較幸運，它們的心材天生就能抗病原菌，即使只剩下唯一一個新苗都有能力長出完整的樹幹，發育成一棵大樹。這種個人主義對其他的樹種而言，因新苗斷裂處常遭受嚴重的腐爛敗壞，它們的結局會如同《最後的摩根戰士》（der letzte Mohikaner）❸一般，消失在地表。

譯註

③ 一八二六年出版的小説，美國作家詹姆士・菲尼莫・庫柏寫的關於康乃狄克州東南邊印地安人原住民的故事，多次被改編成電影與電視劇。

第七章 樹枝的工作

在樹幹都還未確定形成時，樹枝生長並沒有明確的方向，有的時候是往上朝樹冠方向或是側邊的方向生長。我們稱纖細瘦瘦的樹枝是小枝，在這些小枝上則裝置了無數個如小小陽光風帆般的葉子。

原則上，樹枝與細樹幹是一樣的，每年都會形成年輪並不斷的變粗。我們在上一篇文章中提到關於樹幹的特徵與問題，都適用於樹枝的部分。大樹的樹枝雖然最粗可以長到直徑五十公分，但樹枝與樹幹最大的不同是：樹枝不必一定要往上生長，主要是往側邊生長，使樹木盡量延伸形成寬廣的樹冠。現在讓我們稍微來探究一下樹木的上半部。

不同的生長模式

為進行光合作用，樹木必須將樹葉或是針葉固定在某個地方。「固定」這件事就是樹枝的工作。剛開始，在樹幹都還未確定形成時，樹枝並沒有明確的生長方向，有的時候它會往上朝樹冠方向或是側邊的方向生長。我們稱纖細瘦瘦的樹枝是小枝，在這些小枝上則裝置了無數個如小小太陽能電板的葉子。

其中較粗大的樹枝還有另外的任務：它們必須去占領樹冠層的空間好好卡位。在森林裡，陽光屬於稀有並缺乏的資源，有辦法獲得充足的光照才能生存。在前述章節已說明過，闊葉樹的樹冠能夠趨光移轉，位移生長。當光源不足時，它們就加長並加強枝幹，朝向身旁其他樹木樹枝的間隙入侵生長，捷足先登將缺口填滿。樹枝因木質部增生會愈來愈粗壯，每年都長出新生枝椏，再分叉長出許多小枝，直到形成完整的樹冠。這種一有機會就擴張的枝條生長方式是造成闊葉樹的樹冠經常看起來非常不勻稱的主因。

相反的，針葉樹卻選擇維持一開始就決定好的生長模式：它們以筆直的樹幹配上向兩邊均勻生長的樹枝往上生長，一旦遇到樹幹旁有空隙，若針葉想要搶先，就只能讓樹枝向側邊長得快一點，至於讓整個樹冠位移這種情況，在針葉樹中是被禁止的；因為對針葉樹來說，均勻分配長出枝條是生死攸關的事。

當冬季來臨時，所有的闊葉樹樹葉已落盡，針葉樹的針葉卻仍舊完整、緊緊地掛綴在枝幹上。當大雪紛飛，白雪又溼又重，幾噸重的雪很快地就堆積在樹枝上，白色壯麗的雪花也穩穩地落在針葉小葉之間。這時如果樹冠生長成傾向一邊的狀況，樹木肯定會因過度載重而斷裂。

松樹的樹冠則是針葉樹中的例外，從它那不均勻的樹冠外形便能明白看出，松樹枝幹的生成是模仿闊葉樹，讓樹枝隨興伸展。因此，我們不用驚訝為什麼這個針葉樹樹種的樹幹常常會因積雪過重而斷裂。

寫真：椴樹（Linde）

現在總算要提到一種真的可以活到一千年的樹種。嚴格來說，那是兩個品種的椴樹，但兩者的特徵卻相當類似。一種是夏椴樹（又稱闊葉椴樹，Sommerlinde；*Tilia platyphyllos*），一種是冬椴樹（又稱小葉椴樹，Winterlinde；*Tilia cordata*）。它們都是歐洲原生種，有兩個特徵非常容易辨認兩者的差異：大葉子的是夏椴樹，葉子背面的葉脈跟葉柄匯集的交叉處有白色的細毛；小葉子的則是冬椴樹，葉脈處的細毛是紅色的。

冬、夏兩種椴樹都可以適應在狹窄擁擠的森林裡，並忍受在其他樹木的樹冠下生長，像千金榆一樣有著超強的耐蔭力。

幾世紀來，人類將椴樹帶出擁擠陰暗的森林，把它們種植在大道旁或廣場上。椴樹轉而生活在陽光充足、土壤肥沃、氣候良好的地方，它們用不可思議的強大又有韌性的恆長生命力回饋人們的恩惠。即使當它們年事已高，中空的巨大粗幹的某一邊雖已腐蝕，仍舊能健康存活好幾世代，繼續贈予人們樹蔭並作為地標。

只不過德國最新的交通安全規定卻指出椴樹會引發交通事故，那都是因為多事又無擔當的樹木鑑定專家不願對路邊傷痕累累的老椴樹所造成的麻煩負責任，因此有時鑑定出的結果竟是建議砍樹。還好有許多地區性的愛樹社團主動積極爭取「護樹」，才能讓它們倖免被伐除的命運。當然，為了建造鐵

架幫忙老椴樹們支撐巨幹，肯定要花費一些成本，但對保存我們最老的樹種來說，非常值得。

樹木的朋友

專家常說：「當樹木生長得過度密集，就需要把它們分開，以免阻撓樹木的生長。」分開的意思就是砍除一棵或數棵樹木，為還沒被伐除的樹木留下足夠的樹冠空間。實際上，這只道出一半的實情。在天然的環境中，樹木間並不如專家所影射的那樣，它們其實是極少相互競爭的。不同樹種間能互相聯繫，相互幫忙、扶持，或是透過纖細的根毛互贈「甜品」，也就是供給糖液給生病的樹木，以維持它們的生命（第三章「自由生長的樹木」中已提過）。

不過在許多狀況下，人工林中的樹木並不存在樹木間天然的「友情連結網」，因為它們的根系受到干擾，只能很勉強地使根部達到一個半吊子的穩定狀態，而這個傷害會影響樹木終生，所以它們對於經營社群友誼的關係，顯然已經毫無多餘時間與剩餘的精力。而且這些所謂的「專家說法」，當然是來自人工林的林務員。毫無疑問的，他們指的就是採用單一林相人工林，比如只種植雲杉或是一種闊葉樹樹種。在大自然絕對找不到這種在廣大的土地用同間隔、同時點，種植同年齡並一起成長的樹木林相。在人工林區這開闊的「幼稚園」裡，每個個體都試著相互推擠，爭相生長，只想超越身旁的同伴。事實上，整個人工林區是如此的脆弱、不穩固，就像稻田裡的禾稈，雖互相依靠支持，但只要輕度的閃電豪雨過境，便會一整片一整片的傾倒。

在天然原生林及自家的花園裡，我們卻常常能觀察到全然不同的現象：相同樹種的樹木彼此之間會建立友誼。我們已在前面章節提過，樹木會經由樹根相互聯繫，我們自然看不見這種在地下的地底連結，但樹冠之間的遊戲競賽是公然暴露在外。

當兩棵樹木為爭取光源，會不惜用枝幹互相爭搶，各自生長枝幹伸向對手，想盡辦法推擠對方以搶奪對手的日照地盤。這樣如鬥雞互爭的樹木們，樹冠的大小與範圍每棵都差不多，其樹冠伸展搶進對手地盤的情況也差不多。這種爭執現象常見於同齡且同樣大小的人工林內。原生林區內則有著大樹冠的母樹調控給予很低的「光照劑量」（Lichtdosierung）進行篩選，只有最強壯的小樹們能存活；相對之下，人工林內只是一堆同齡的雜牌軍。每當機會來臨時，天然林中的小樹苗們都會嘗試獲得足夠的生長空間，大概過了一百年後，這種競爭才會漸漸平息，但是它們之間仍會為了爭著填補樹冠縫隙、搶占樹冠生長的位置，而爭吵不休。

兩棵樹木若結為朋友，它們之間的互動則會與上述的狀況截然不同。它們只會將柔嫩的小枝往朋友的方向伸展，小枝椏間會溫柔地相互推伸，好像只想碰觸一下對方；它們也只會向外側生長較粗的樹枝或是廣闊的樹冠，而不會向朋友處生長。遠觀兩樹，看起來就像結合為一體的一棵樹木，到最後它們也會變成一對快快樂樂白頭偕老的終生伴侶。

此時，我們若遵從「專家建議」，為了使另一棵樹木得到更多光線，而砍伐其中一棵樹木，必造成全然的反效果。其中一棵樹木才一被砍除，它的同伴會立刻變得病懨懨，再也沒有人可以互相支撐，再也沒有人可以一起度過溫帶氣旋的侵襲，被留下的樹木孤零零並痛苦的活著。除此之外，真菌從互相交錯的根系侵入活著的樹木，有時會導致原本還健康

締結為莫逆之交的樹木。

的另一棵樹木在幾年後也死去。

另一個極罕見的現象是樹木之間會互相幫忙，在林內最緊密相鄰的樹枝會相交生長在一起，有時可能只是一根枝條環繞著另一根枝條生長並將其緊緊包覆，然而這種連繫還是很脆弱，因為兩根樹枝還是各自保留樹皮，阻礙了兩者一起生長。當面對強大的外力時，像是溫帶氣旋的侵襲，兩者的連接便可能再次斷開。

有時樹皮的外層剛好因為互相摩擦而脫落，兩根樹枝的木質部跟木質部，形成層與形成層（參見第八章「樹皮：樹木的靈魂之窗」）因而相互接觸，形成實際的結合生長，並構建出共同的新系統。這樣的連理枝結盟是非常穩定的，兩者開始進行聯結輸送並交換水分與養料，這已經是非常超乎尋常的現象。然而更罕見的現象是，兩種不同樹種之間產生的樹枝合併生長。若要成為連理枝，前提是不同種的樹木能夠真正的好好相處，像山毛櫸、千金榆和柳樹之間就是這種情況！

找到異體連理枝，就像從眾多的三葉草中找到四葉的幸運草，可遇不可求，是相當驚奇的緣分，儘管如此，你下次漫步於森林或公園時可以多多注意有沒有類似的狀況，這會是一個令人興奮的冒險，抑或是在你的圍籬牆邊，說不定就隱藏著一對異體連理枝。

若是你看不出連理枝這種結盟合作的發展，但你其實已經有可能聽得見樹枝之間這種關係剛剛展開時發出的聲音。當微風吹拂，兩根枝條摩擦所發出的「叩嘍叩嘍」聲已經非常大聲，這種聲音經常使漫步林中的人們誤以為是啄木鳥在敲啄樹幹。

懶惰蟲

總有一天樹木終能長成大樹，不但樹幹粗壯並枝繁葉茂，不管枝幹上掛的是闊葉或是針葉，都能充分的進行大量的光合作用，這些光合作用的裝置也需要營養的維持補給，所以也消耗很多能量，這也就是為何森林早晚的氧氣生產量有很大的差異。白天陽光普照，闊葉及針葉會產生數公斤讓人呼吸的氧氣，並從空氣中吸取大量的二氧化碳。相反的，晚間睡眠中的樹木仍會呼吸，就如同我們人類一樣，放出二氧化碳，吸收大氣中的氧氣。葉子因為消耗葡萄糖會釋出二氧化碳，所以要是想要呼吸清新健康的新鮮空氣，晚上在森林散步不是個好時機。

即使如此，樹木日夜間的氧氣淨量總計之後還是屬於正數，也就是說，每日每棵樹木產生的氧氣量，在加減之後大概是五公斤（足夠五個人一天的呼吸需求量），而從空氣中被吸收的二氧化碳，將會被轉化成木材，長期的儲存在樹木中。

並不是所有的樹枝都會平均分擔工作，總是有些比較勤勞，有些比較懶惰。照

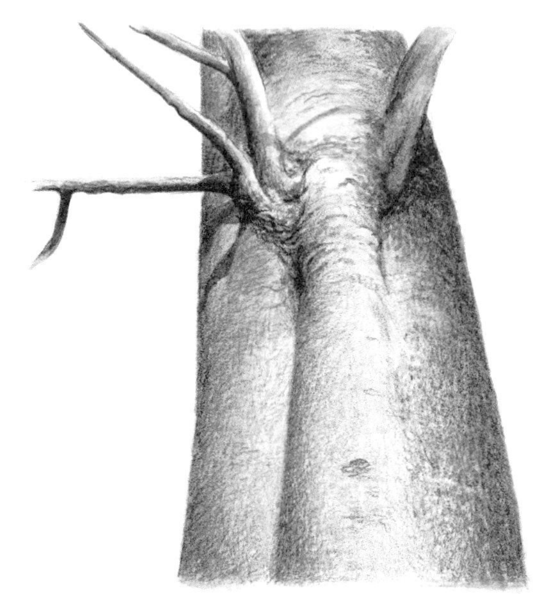

樹幹上的凹槽
是偷懶樹枝們留下的印記。

理來說，通常枝幹直徑愈粗，承擔工作量愈大，也愈容易被看作是體力好、能承載重量的工人。這其中當然也有偷懶的老油條，常被誤以為是盡責的勞工。它們的枝條從外表看來的確是很粗壯，似乎真的幫了很多忙，但實際上的貢獻卻非常小。如偷懶老油條枝幹的葉子因產生太少的葡萄糖，根本不足以供應枝幹本身所需的養分，不僅如此，它還從就近樹幹附近的組織吸取養分，而不是盡本分的供給樹幹生長所需要的養分。經過多年的積勞耗損，「偷懶」樹枝的下方樹幹完全沒有能量增生木質部，其他地方的樹幹仍是運作正常，神清氣爽的繼續生長。如此一來，在樹幹上便凹下去一塊，形成了凹槽（Hohlkehlen），這個瑕疵會從樹幹與樹枝相連處的下方一直往下延伸。大部分的樹木在多年後都能發覺這株「老油條」枝幹，便叫它立刻停工，於是它將慢慢的死去折落或重新再長出新枝。儘管如此，留在樹幹上的凹槽經歷幾十年後仍清晰可見。

樹枝透露的訊息

樹木會利用樹枝向我們透露它的特點與冒險精神。如果在自己的樹冠下面長出細小的新枝（不管是針葉或是闊葉樹），基本上是犯了大忌。根據不成文的「樹木行為規範手冊」，只有光滑無瑕疵的樹幹會長出蓬勃茂盛又端正均勻的樹冠，我們觀察一下原生林就能夠瞭解其中的原因。

在原生林中，母樹會按部就班的教養小樹，母樹用的不是稱讚及指責養育小樹，而是用光線。母樹讓只有樹梢陽光幾個百分比的光線穿透樹冠，投射到它根株旁的小樹苗，不只是為了強迫它們極端緩慢的生長，也是要逼迫幾百棵正規班裡的年幼樹苗垂直往上生長。若其中某一棵樹苗異想天開，想當班上的小丑，也就是將頂芽轉了九十度的大彎側向生長，會立刻受到母樹嚴厲的處罰。

愚蠢行事的搗蛋鬼絕對無法在林下陰暗微光的環境下存活，因為斜斜側向生長的它，會很輕易被身邊頂芽垂直向上生長的同伴超過，漸漸地被留在愈來愈暗的森林裡，終有一天一命嗚呼，成為腐植質。

林下微弱的光線繼續影響著存活的小樹苗，微弱的光線一方面讓小樹苗形成細小的側枝，一方面讓它們把主要的能量投資在往上生長，幾年後，隨著樹木向上生長的側枝會死去，然後上方又會繼續長出數量相同的側枝。這些側枝之所以死亡落下，就是因為直徑特別細。在樹枝掉落處，樹木會長出新木材填平樹皮表面，過了幾十年後，就會形成一個完美光滑無缺的圓柱形樹幹。終有一天，當母樹亡故，某棵樹苗衝向天際之路不再被母樹阻擋，它便可以接續母樹的使命長出壯觀的樹冠，這就是一棵完全遵照樹木「行為規範」的模範生。

這種苦行僧似的青春年華目的在於：只有當側枝在活著時保持細瘦、死亡枯落時也還是同樣直徑的情況下，樹木才能有機會填補並療癒側枝掉落時在樹幹上留下的傷口。乾枯掉落的樹枝在樹幹上若留下直徑五公分大或更長的傷口，真菌侵入樹木內部的速度，會比樹木修補封閉露在外處的木質部還要快，其後果就是樹幹緩慢、持續的腐爛，樹幹先會被腐蝕掏空，幾年後，這棵樹木就會在溫帶氣旋肆虐下傾倒。給青春年少的幼樹的建言：「在樹幹上只能抽長出細瘦的枝條，當樹枝們即將變粗時，必須即時拋落它們。」

事實上，不是所有樹木都守規矩，遵循樹木的行為規範。總是有些樹木會不放棄的一直想靠著增長側枝獲取更多生長所需的光線，這種行為的起因可能是它的鄰居被砍伐或是自然死亡，有些樹木就是不想白白浪費這些觸手可及的多餘空間和光線。於是埋藏在樹皮裡的潛伏芽甦醒了，伸展出枝條開始吸收製造這份多出來的能量。經年累月後，枝條變得愈來愈粗，使得枝條萬一斷落後得到真菌青睞的死亡機率更加提高。許多頑固的樹木無視於光線微弱不足，一心只想一而再、再而三的試著讓樹枝能得到光線、好好的活著。所以沒多久，那些長出的小枝就會很快的再落土，結束一生，這樣再三發生的小枝輪替的生死循環，結果在樹幹上留下一塊隆起，上面裝點著枯萎的枝條，這個記號讓它一生看起來都像流氓太保一樣。

小心謹慎型的樹木願意放棄當流氓太保，得到的能量也比較少，但有時它們會因為這樣的謹慎行為得到報酬。當樹木是長在花園或是在森林裡，又剛好有機會長期遠離競爭同伴為爭得光線推擠搶位的威脅，那麼在這種環境下多長出的枝幹對樹木便有益無害，它們能改善樹木的營養供應問題，也不會造成危害，因為樹枝不會被其他的樹木同伴遮住，可以永遠安穩的長在樹幹上。若樹木因身旁也沒有任何障礙，經由這些小樹枝的協助，樹冠後來甚至可以再往下拓展。事實上，每棵樹木的行為選擇都是一種風險權衡，因樹種不同的個性，能盡情發揮的結果也各有差異。

雲杉天生就有杜絕這種隨意生長枝條的保障基因，認為這種晚一些再往旁側長出

當橡樹感到缺光時形成的「分櫱枝」。

枝幹的選擇不好，這也是園藝上都不選擇雲杉作為圍籬樹種的理由，因為經過一次的修剪枝幹後，它們會永不長出新枝，留下光禿禿的樹幹。

在橡樹或山毛櫸這類高大、多疙瘩的樹種的樹冠層下，可以觀察到許多已死去的殘餘枝條及殘幹落下後，樹幹上還留著一小段的殘枝木樁。這都是因為這些樹木年少時長在空曠的地方，有足夠空間長出枝條，並在主幹的低處就開始長成樹冠。這類型樹種適宜長於畜牧地，屬於典型的「牧原樹種」，以前這些樹種除了貢獻出它們的樹蔭，秋天時，樹下的山毛櫸槲果（Bucheckern）與橡樹果（Eicheln）便成為野豬喜愛的肥美饗宴。

歷經幾年後，畜牧草原慢慢形成森林，鄰近的樹木開始排擠已經如退伍老兵的老橡樹或山毛櫸。老將們為了不願意因缺少光照而陣亡，必須長得更高，增長新樹枝到更高的高度，形成新的樹冠層。原本形成較低樹冠層的樹枝會漸漸凋零，可以看得出來，要覆蓋這個寬厚的殘枝木樁，對樹木來說是很困難的。同理，當樹木數量愈來愈多，不論是在公園或花園裡，也會發生這樣類似的現象。

橡樹還有一個特殊的表徵。因為屬於需光性特強的樹種，一旦倍受鄰居們（身旁樹群）的抑制威脅，它的精力很快就會衰竭下降。當它發覺自己的樹冠被蓋在競爭者之下，糖分的生產因缺乏日照急遽下降，在慌張害怕下，它會在樹幹上長出所謂的

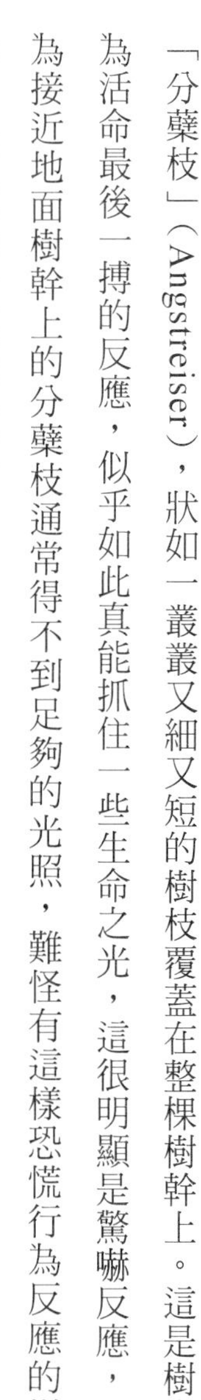

「分蘗枝」（Angstreiser），狀如一叢叢又細又短的樹枝覆蓋在整棵樹幹上。這是樹木為活命最後一搏的反應，似乎如此真能抓住一些生命之光，這很明顯是驚嚇反應，因為接近地面樹幹上的分蘗枝通常得不到足夠的光照，難怪有這樣恐慌行為反應的樹木，通常在幾年後就會死去。

迴生枝

樹幹通常是拱形弓狀的結構（審註：弓狀彎曲邊向上的槓桿力是最小的），枝椏從樹幹長出枝條後稍稍往上攀升，然後從枝條的前端再緩緩優雅地往下彎曲。當面對大雪或大雨時，這樣的弓狀構造使樹木能彈性應變，枝幹不易斷裂。這種結構對老樹來說非常重要，因為老樹的枝條最長可到十二公尺長，重量高達一公噸，想像當風暴來臨，樹枝因搖晃產生的除了自身一公噸的重量外，還加上巨大的槓桿力，將會是多麼地沉重！

有些樹木生長時會形成結構上的缺陷。我們不禁要問：為何樹枝的枝椏不能直直往上長就好呢？有些樹木還真的就這樣做了：當樹枝守規矩地從樹幹長出時，會先以婀娜優雅的弧度稍微往上長，之後以水平向側邊生長，但枝幹在幾年後似乎會突發奇想，樹枝前端會再回到以弧形往上抽長的方式。

經過幾年後，樹枝會愈長愈粗，愈來愈長，槓桿力也愈強，終有一天再也承受不了巨大的壓力：這些壓力有可能來自暴雪積壓或是強雨狠劈後，而使樹枝硬被強壓而下沉。這樣的狀況對於正常生長的枝條絕無問題，它們能有彈性的向下彎曲，但對於向上彎曲的樹枝來說，可是異常的疼痛：它們必須被迫以相反的弧度向下彎曲。只要「劈啪」一聲，樹枝裡的木質纖維在受槓桿力最強的位置彈裂，便在木質部留下一道永遠無法復原的長長裂痕。這種傷害連樹木自身也無法療癒，結果就是樹木終生都掛著這些象徵著古怪、誇張行徑的樹枝。

寫真：楊樹

楊樹屬裡最常見的是歐洲山楊（Aspe，*Populus tremula*），或稱抖楊（Zitterpappel）。其葉梗的構造特殊，細長並輕微彎曲，稍有風吹草動，葉子會即刻隨風抖動搖擺，發出沙沙聲響，被稱為「抖」楊。楊樹與樺樹一樣屬早熟型樹種，喜好選空曠的地區落腳，以每年一公尺的速度竭盡全力往上生長，壽命通常不超過一百年。德國的歐洲山楊目前還可以被視為優質純種的楊樹，而黑楊樹的血統已經不純正了。

目前看到的多數黑楊樹是一些與從外地引進三葉楊（審註：德文俗名直譯是加拿大黑楊樹，學名是*Populus deltoides*，跟德國的黑楊樹不是同一品種），引進這個三葉楊已威脅原生黑楊樹可能瀕臨絕種的命運。

黑楊樹是典型的河流「跟班」樹種，會沿著河岸生長，總帶著濃濃令人討厭的泥沼味。說真的，因它們的大枝幹非常容易從樹冠上斷落而下，並不適宜種在自家花園裡。

第八章
樹皮：樹木的靈魂之窗

樹皮的外形特徵會因樹種的不同而有差別。基本上，樹皮由死去的韌皮組織形成，這些韌皮部是由內部形成層不斷增生之後一段時間便退役的組織。

林務人員常會提出一個狡猾的問題：「如果在樹皮上刻上標記，在X年後，標記會位在樹皮上多高的地方呢？」由於樹木是從頂端的梢尖往上生長，所以，事實上這個標記根本不會改變原來所在位置的高度，也不會跟著樹幹一起向上移動。也就是說，樹木樹冠以下的部分，生長的方式是向左右延伸，意思就是樹幹變粗，畫在上面的記號也會跟著變粗。

樹皮是樹木的靈魂之窗。樹葉只能表現出樹木短短幾年的狀態，樹皮上的記號卻會是永恆的印記。隨著時光的流逝，它將是記載樹木歷史最真實的史書。現在就讓我們翻開樹皮史書的第一章吧！

樹木的形成層

介於棕色的樹皮與木質部之間，有一層被稱為「形成層」的透明組織。形成層薄如蟬翼又柔軟的特性，常讓人低估其重要性，這層組織是樹幹生長的馬達。形成層把樹木和木材連在一起，並且往內，也就是向樹幹裡層分泌木質細胞，向外則生長樹皮細胞。

當樹木受傷，木質部毫無遮蔽地被暴露在外時，形成層通常也受到損害，所以在這區域沒有形成層可以分泌木質細胞轉為木材，因而導致癒合時產生疤痕。在這種情形下，樹木其他未受傷、完好的部分並不受影響，會繼續生長，所以樹圍會繼續變粗，至於形成層受損的區域，則會先暫時停工。此時，樹木試著盡快修補受損的形成層破洞，至於修補的時間必須視破洞大小不同而定，有時必須要耗費多年的時間才能完成修補。

為了不讓未受損的正常組織生長情形領先傷處太多，樹木會加緊修補，導致癒合組織生長得非常匆忙倉促。所以當樹木的傷口癒合後，原傷處的木質纖維紋路長得相當不整齊，這些蓋住傷口、凹凸不平的長條形，便成了留在樹皮上一輩子的疤痕。

樹木的樹皮在「樹液收穫期」特別容易受傷。「樹液收穫期」是植物生長期的另一種說法，要強調的就是樹木這時是飽含水分的。在夏天時，樹木有超過一半的總重量來自沁涼的水分，屬於樹木含水量最多的時期。在這生長旺盛的時期，形成層已吸飽水分並變得滑溜溜，這種情況導致樹木一旦受到動物踢踏或是被鄰樹的枝幹撞擊，樹皮很容易跟溼滑的形成層分離而掉落，所以樹木常常在生長期受傷。

運送養分的韌皮部

形成層往內增長木質部，向外則增生樹皮。如同最年輕的年輪還活著一樣，新生的樹皮層也還非常活躍。當樹幹內木質部內的維管束水柱從樹根向樹冠層往上衝流，在形成層外側的樹皮層裡，糖分與其他美味的液體則是源源不息的往相反方向，也就是向下流至樹根。這個依附在形成層之側、活生生的近樹皮處組織，被稱為韌皮部。韌皮部的德文字Bast，有樹皮纖維的意思，這個名稱來自於過去對樹木非常殘酷的時期，人們剝除橡樹或其他的樹皮製造需要用的織品布料。

樹木不需要輸送管道供給樹冠糖分，因為葉子（不論闊葉或是針葉）可以製造自己所需的能量（審註：因為葉子有葉綠葉可以行光合作用，葉子是樹木的小工廠）。相反的，位於地下室的樹根為了整棵樹的利益辛苦工作，其養分的來源卻倚賴樹冠層的

樹木表皮
韌皮部
形成層

愛心養料供給。同時請別忘了，樹木提供糖分給蔓生糾纏在根毛上的真菌絲當作報酬，感謝它們的辛勤工作。

以上提到的樹木運輸系統的運作方式，會在等一下提到的環切（Ringelung）中說得更明白。所謂的環切，是殺害樹木最殘忍的一種手段，以達到讓樹木死亡為目的。環切的做法就是以環繞樹幹一圈約十公分的寬度將樹皮切下，較脆弱的樹木會因此很快就死亡；相對的，比較堅挺強壯的樹種，如山毛櫸或千金榆，大多會經歷多年的努力繼續與命運搏鬥，勇敢的活下來。因為年輪圈內部的區域負責從根部往上輸送水分，並不會因樹皮被環剝而中斷，樹冠上的樹葉仍舊有水分供應並勤奮的進行光合作用、產生糖分，所以樹葉什麼都不缺。環切阻斷樹木往下輸送水

樹皮被環切的樹木只有死路一條。

分養料，使得樹根與真菌絲慢慢地因得不到養分而死亡。這樣「活活餓死」的折磨會拖延五年甚至許多年。對被環切的樹木來說，是很殘忍的煎熬！它絕望又不安地利用所剩不多的時間掙扎求生，新生的形成層小心翼翼地探索暴露在外的木質部，尋求試著再度跨接「甲口」（審註：「甲口」指環切的開口）。我曾親眼看到一棵山毛櫸在一個夏天內，就努力修復三十公分長的環切剝皮而存活下來。受虐待的樹木會先在甲口上嫁接一層薄薄的形成層連接兩端，再全力以赴地快速增長復原，讓樹木的所有運作回歸正軌。

韌皮部除了能輸送養分，還能儲存養分，樹木總得找個地方為了明年春天五月發新芽、長新葉，儲存足夠養分。樹木會利用春天至秋天落葉前的期間，在韌皮部存滿糖液與蛋白質。這些甜美的儲藏物對許多草食動物具有不可抗拒的吸引力，只是樹木不會如此輕易的允許偷糖賊享用大餐。牠們得先突破樹木的樹皮（又稱木栓層），樹皮就像騎士身上穿戴的盔甲一樣，堅固無比。

樹木的堅固盔甲

你所看到的樹木外皮，其實只是樹皮的表面，它們的外形特徵會因樹種的不同而有差別。基本上，樹皮由死去的韌皮組織形成，這些韌皮部是由內部形成層不斷增生之後一段時間便退役的組織。壞死的韌皮部漸漸往外皮方向推移後撕裂，多多少少造成樹幹表面凹凸的皺紋。至於能附著在樹幹上多久，得視其穩定度而定，有時是幾年或是幾十年。然而樹齡與樹皮為正相關的發展，亦即樹木愈粗，樹齡就愈高，樹皮的木栓層也就愈明顯。

樹皮的功用與人類的皮膚雷同，能防止水分散失，形成一道密封的屏障壁壘，防禦真菌、細菌或昆蟲的感染，或是能夠緩衝所有的物理性傷害：當暴風吹倒身旁樹友的樹幹、打傷損害樹木時，樹皮大致可以抵擋大約五公分厚的傷害。

有些樹皮具有另類的功用。例如巨型紅杉（Sequoioideae屬）的樹皮，看似像厚實的盔甲，卻是令人驚奇的柔軟。若你下次在林中散步見到這種樹木，請安心地試試用手指壓壓看樹皮。巨樹樹皮的結構柔軟有時可達五十公分深的厚度，目的是能夠防火。在森林大火中起火燃燒的常常不是樹木，而是乾枯的樹枝或是樹木其他枯萎的部分，燃燒枯枝的地表火會在幾秒鐘內波及整個森林，然後很快就熄滅了。

在地表火燃燒的短短幾秒鐘，巨型紅杉仰仗著柔厚防火的樹皮纖維來隔絕高溫，可以維持嫩弱形成層的涼爽度，使樹皮毫髮未損，而它身旁易燃的其他樹種例如花旗松，都會被火舌吞沒。森林大火後，沒有競爭同伴干擾的巨型紅杉可以繼續生長，大火後的灰燼甚至會變成它們的肥料。此時，蟄伏二十年的紅杉毬果正等待這大好時機，大火後的高溫使毬果內的種子紛紛蹦裂而出，落在地表上被清空的森林土壤裡。

在我們這個區域的原生樹種無法在森林大火後存活下來，因為它們的樹皮都太薄，以至於它們的形成層一遇熱會立即被破壞。對這些原生樹種來說，任何的防火措施都是多此一舉，因為在中歐地區的森林，先天上是不會發生森林火災的。這話怎麼說呢？你可以試著點火燃燒青綠的山毛櫸或是橡樹的枝條，是點不起來的，甚至落在地上葉子、腐敗的枝幹，在中歐這個緯度總是潮溼含水，所以無法引起森林火災。

森林大火在單一樹種的人工針葉林內卻是有機可乘，因為這些樹種含有精油與樹脂。然而雲杉和其他含有精油樹脂的樹種並不是此處的原生種，假如聽到新聞報導任何發生在中歐地區的森林大火，你絕對可以斷定火災一定是發生在種植著外來樹種的人工林內。

樹幹掉落留下的疤痕

陽光從上照射而下，讓樹木從日照中獲取能量，這是理所當然、眾人知曉的道理。當樹木往上生長，愈長愈高，枝幹則是一直往旁側伸展，使得樹冠面積變寬，而樹冠下的陰影會愈來愈暗，直到樹幹上最年長的枝幹再也得不到足夠日照而漸漸死去，因為它們已經無用武之地了。樹木沒辦法指揮枯萎死去的樹枝和組織，但這死去的組織卻是真菌最愛的菜餚來源：糖分與纖維素。真菌會入侵已無生命跡象枯萎的枝幹，並往樹幹的中心擴散轉移，這種情況對樹木來說非常危險，因為樹木中心是樹木的罩門。樹木只有在年輪最外圈部分有生理機能的輸水區，就是被稱為邊材的區域，此處特別潮溼，甚至對真菌來說，因太過潮溼而無法生存。

樹木內部的區域被稱為「心材」，是樹木中心停止運作、無生機活力的部分。樹木內部最多提供樹木更穩固的支撐，對樹木幾乎已經沒有任何的用處。每年心材外圈會多一輪樹輪，就是年輪，內圈則有一部分組織退出、負責運送輸水的工作，所以隨著樹木年齡愈大，心材的範圍會持續的加寬。

因為樹木對心材已無主控權，於是它會在心材運作停工前做好防禦措施，以防止任何外來客蓄意的侵犯。樹木會將心材內細胞與細胞間的連結阻塞，並因樹種的不同，分泌出不同的防蟲、防腐的滲入物，例如橡樹、落葉松、松樹及花旗松等樹種的心材會變色（審註：因為滲入物有顏色），所以心材和邊材之間就很好區分，因為心材明顯較深。

當然，有些真菌完全藐視樹木的防禦措施，沿著樹枝直接入侵樹幹並大啖美食。

真菌會從殘枝呼吸它們為了生存所需要的空氣，這個殘枝的開口對真菌來說，就像浮潛時使用面罩上的呼吸管一樣。

為防止真菌繼續由殘枝呼吸，樹木會將整個殘枝包覆起來，並且用新生的組織例如樹皮，將其封住。當然，傷口癒合的情況是與樹幹年輪增長的速度相配合，所以每年頂多只有幾厘米。

至於已經裂傷的樹枝，樹木與真菌間將會展開一場競賽。樹木若是能趕在真菌還未抵達心材前封閉傷口，它在感染部位便會重新運輸水分並中斷通氣管道，使真菌被淹死或窒息而死。相反的，若是真菌入侵心材的速度比樹木修復傷口的速度快，真菌便會大舉入侵破壞樹木內部。根據不成文的說法，當樹枝傷口的直徑在五公分內，樹木就可能戰勝真菌，若超過五公分，將抵不過真菌的侵害。

其實，在天然環境下生長的樹木枝幹要長到超過五公分粗不太容易。當樹苗還在母樹樹冠下蟄伏等待，會因缺乏光線，根本無法長出粗壯的枝幹。一旦母樹死去，母樹下的某棵幼苗便會快速地往上層的樹冠區抽長，張開巨大的樹冠。這麼多年來，小樹苗一直是在缺光的情形下成長，從來不曾有粗大的枝條在它的樹冠下凋落死亡，所以它年輕時形成的細枝，掉落後都可以迅速無痕的被包覆癒合。

就算是晚熟型的樹木也是如此，若是沒有人阻止，它們在非常年輕時就可以形成寬大樹冠，要是又沒有任何其他的樹木同伴相互競爭，所有的粗壯樹枝都能存活在樹幹上。但是樹木的一生跟人類一樣，永遠是計畫趕不上變化，這一點我們可以從它的樹皮上的經歷就可以看得出來。

在正常情況下，細小新生的枝條都是不留傷疤、乾淨俐落的從樹幹上斷落。因為真菌入侵，使細枝條的木材結構變弱，在樹枝和樹幹交接處，也就是根據槓桿作用承受壓力最大的點，只要微風吹過（或是鳥站在這個點上），枝條便會完全折斷落下。斷落後癒合的樹枝都會在樹皮上留下特殊明顯的傷疤，你要是想要認識這種紋路，我建議你先選擇類似山毛櫸這種樹皮光滑的樹種仔細窺探一番，因為這種特殊的圖案在這種樹木的樹幹上特別明顯。

大部分從樹幹側向生長的枝條都是稍微往上揚，當樹幹愈來愈粗，造成樹幹與樹枝銜接處的樹皮被往上推擠，也使得此處的樹皮顏色變得比較深。樹幹漸漸變粗時，又會把這個受擠壓的深色樹皮拉長，最後這一處看起來會像細細的八字鬍。專業術語上稱為「枝皮脊」，或德國林業稱之為「中國人的八字鬍」（Chinesenbart）。

當樹枝向上生長的角度愈陡，這個擠壓區緩慢往上推的速度就會愈快；枝條愈粗，表示枝條在樹幹上滯留愈久，所以樹皮被向上擠壓的過程也愈長。愈長愈粗大的樹幹和不斷往上揚的樹枝便將枝皮脊一直往上推。

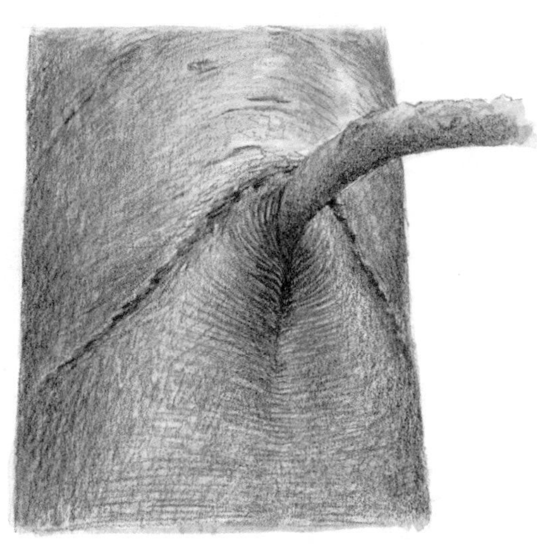

側枝和樹皮連接處經擠壓將形成「枝皮脊／中國人的八字鬍」。

想像一下這個畫面，向上揚的樹枝如同一艘船，在樹幹上以非常緩慢的慢動作行駛過，以激起「艏波」，即使船隻早已消失地平面之下（審註：隱喻樹枝斷落）後，風平浪靜的海面上，V形波仍是清晰可見（審註：喻指枝皮脊還留在樹幹上）。

總有一天，等到枝幹斷落，樹木包覆殘枝的工作會開始進行。此時枝皮脊雖然還留在樹幹上，不過已經不會再往上或變粗了，因為樹皮已經將傷口封住並恢復光滑的表面。隨著樹幹變粗，之前枝皮脊的脊線兩端將離彼此愈來愈遠，也就是八字鬍鬚的角度會愈來愈平，幾十年後就只剩下一條橫線。八字鬍木質部的粗細，透露出之前所掉落樹枝長在樹幹上的傾斜度；而八字鬍向下的角度大小，更能讓我們大約猜測枝條斷落的時間點。

想要更清楚樹枝掉落前的生長情況，我們可以藉由「封蠟章」（Siegel，此處指圓形樹疤）得到更多訊息，也就是樹枝斷落後留下的傷痕。它位於八字鬍中央點的下方，在樹木包覆殘枝完成後，看起來像是一個圓圈。這個疤痕的直徑大約是枝條直徑的一倍，因為樹枝與樹幹連接處會往外長得像喇叭，這個情況便表現在兩者直徑的關係上。樹木往上生長主要是由樹梢頂芽負責，所以樹幹上的痕跡在高度上不會變。不論是戀人刻劃的海誓山盟還是路標指引，每個記號都不會移位。同理，在樹幹上的樹疤和枝皮脊一樣，只會隨著樹幹增粗往兩邊拉長。

如此一來，我們就能夠由「殘枝包覆」（Überwallung）❶的情形來推斷一棵老樹以前所曾斷落的樹幹的直徑：圓形樹疤直徑的一半，就是之前樹枝的直徑。想知道這個殘枝被多厚的木質部蓋住，可以從枝皮脊的高度得到一些線索。從兩邊鬍鬚的最低點到枝皮脊隆起最高點兩點的距離，就是枝皮脊的高度。若高度超過三十公分，表示枝條斷落不久，樹木才剛將殘枝包覆癒合，也就是說在殘枝處，只有一年的年輪木質部包著；若枝皮脊高度小於五公分，表示殘枝已經被妥善地包在十五公分粗的木材下。

這個推論方法只可用於闊葉樹樹種，它們的側枝通常是先傾斜地向上長，直到幾年後，隨著長度與重量的增加，側枝前端才慢慢地向下彎曲。並非所有的樹種都會像山毛櫸一樣，毫無顧忌地公開洩露樹枝的祕密。但是如橡樹、樺樹，或其他樹種，有著布滿裂痕紋路的樹皮，我們必須要非常仔細的觀察，才能辨識舊傷的癒合處，因為橡樹、樺樹的外皮鱗片較多，使得受傷處看起來像一朵花，德國林業上也稱橡樹及樹皮多裂痕樹種的樹疤封蠟章為「玫瑰花」。大部分針葉樹的樹疤比較不易辨識，因為它的樹枝是平行從樹幹往旁伸出，沒有像八字鬍的印記，但至少樹幹上樹疤（封蠟章）的樣子與闊葉樹一樣。

研究樹疤生長過程的實用價值，在於讓我們預測樹木可能受到腐朽病原（Fäulniserreger）感染的情況有多嚴重。還記得前面曾提過：樹木與真菌間的競賽分水嶺是直徑五公分粗的枝條。然而所有現象都是相對的，樹木也不例外；一根粗大殘枝帶給整棵樹木的問題與麻煩，比一連串細小的殘枝問題小。一棵樹如果一次要同時應付多項「修建工程」是如何的困難，從那些樹皮上布滿枝瘤樹疤的樹木就可以看得出來。這些樹木即使在過了好幾年後，也沒辦法把樹幹再次修補得光滑無瑕，即使樹木上殘枝已被新生組織包覆，但是無法隱沒在樹幹之中。

譯註

① 樹木自癒傷口的一種程序，從木頭的剖面紋路能清楚見到整個過程，常稱為木頭瑕疵。因為樹木跟人類不同，無法代謝受損的組織，因此只能在壞去的組織上面新生組織，也就是長出新的形成層。

若同時有太多的粗枝殘幹折落，勢將危及樹木的生命，沒有一棵樹木會故意挑戰這種風險。可是為何樹木仍會允許這樣的狀況重複發生？樹木原本預設的理想狀況是：總有一天，它能獲得取之不盡的光線，終於出人頭地，超越旁邊所有同伴的高度，再也不用活在任何同伴的陰影下，得到光照最多的位置，在它之上再也沒有任何的干擾。若樹木正好長在森林的邊緣地區，樹枝還能往旁邊空曠的草原區延伸，安逸舒適地擴增生長樹冠，同時它的樹幹愈長愈粗壯，完全沒想到有一天充足的日照有消失的時候。但請別忘了還有競爭對手，當時機成熟時：競爭同伴有時是同種的樹木，通常是異種樹木，大家為了追求日照，會想辦法超過對方的高度。

不管競爭者來自於人工種植或是野生天然生長的樹木，一旦落腳站穩，大夥為了爭奪光線的競賽，槍聲又會再度響起。原來的領先者若不服輸，不願被競爭同伴遮住光線而餓肚子，在沒有選擇的餘地下，必須再次出發奮鬥往上，除了競爭對手的枝葉再加上領先者自己的樹葉，在兩者樹梢下一層的領先者樹冠會愈來愈暗，這也就是為什麼完美粗大的枝幹會死亡凋落的原因。

所以，樹幹上有明顯的枝瘤樹疤，通常表示這棵樹的樹冠被強迫往上位移。像一些曾經被種在牧原當作牧場用樹的老橡樹，人們利用它的橡實作為豬隻的飼料，有一天老橡樹漸漸地被新生的森林包圍，樹幹上就會形成許多疙瘩狀枝瘤樹疤，以上情形是最典型的例子。

還有一個給家中裝有燒柴火爐者的實用建議：劈柴時，柴塊放置的方式要與樹幹的生長方向一致。用粗俗林務工人的說法：「木柴裂開的方向，就如鳥糞從天而降一樣。」（也就是表示由上向下落）。至於到底哪邊是樹幹的上段，從樹疤就能看出端倪。比方之前提過的「艄波」，樹幹的上方就是艄波或是枝皮脊的頂端指向的方位。

「領環」的功用

樹木有專門負責包覆殘枝的器官：領環（Astring），位在樹枝與樹幹的銜接處，形狀與小號的喇叭筒相似。領環處的樹皮經常是皺皺的，有時看起來像書本扉頁。領環上的環狀組織有能力快速生長包覆殘枝，而且它是對抗真菌，防止真菌入侵到樹幹中心最佳的防禦工事，所以領環對樹木而言意義非凡，這圈環狀組織最好不要受傷，才能夠正常發揮功能。

殘枝一旦死去，領環將繼續存活並立即開始包覆傷口，阻擋真菌入侵，幾年之後大功告成，殘枝會被埋入變粗的樹幹裡，領環處在幾年後也漸漸變得平整，此處也會長出新的木材。

當樹木的樹冠愈來愈高，樹冠下方的粗壯枝條就漸漸地被籠罩在昏暗的光線下，樹木有時候會主動的命令這些枝條停工凋萎，你可以由特別長的枝領分辨出這個過程。這個「枝領」特別的地方就是有又粗又長的領環，常常有十公分粗，而且大部分是突出於樹幹。樹木會在枝領的末端（審註：指靠近樹枝的一端）形成非常尖銳的角度，讓枝條在此處不容易折斷。靠著特別長的枝領，樹木快速包覆傷口的機會大增；而傷口癒合處離樹身也有十公分，真菌也因此被遠遠地擋在門外。

公園或花園裡的樹木常常被以跟樹幹齊平的方式修剪，這種做法很不幸地對領環和枝領造成嚴重的傷害，因為這兩個組織都是突出樹幹之外。樹木遭到這樣的修枝後，隨風飄揚的真菌孢子在幾分鐘內便會迅速入侵傷口。此時能夠阻擋屏障的樹皮（審註：此指領環和枝領）已被破壞殆盡，真菌將任意地深入樹幹繁衍生長，就算樹木在此處努力地修補封住傷口，也是白忙一場。

因此我們可以斷定，這種傷口不管大小，最終都會造成樹木嚴重的腐蝕，而且這不只帶給樹木麻煩，對人類也會造成很大的困擾。多年後，樹木曾被修剪而受真菌感染的事雖沒有人記得了，但這樣的樹木有一天終會因為漸漸被真菌腐朽，最後剩下如火爐煙管的中空樹幹崩裂倒地。

當你修剪花園中樹木時，務必小心注意，千萬別傷害並完好保留領環的部分。

（請參閱第十九章）

其他的傷疤

樹枝是造成樹皮上圖案的始作俑者。樹木長高的每一公尺會添長許多枝幹，爾後枝條終將斷落，在樹皮留下永恆的標誌。除此之外，還有一系列各式各樣的記事，在樹幹上留下不同的疤痕。

有些樹皮的傷口或疤痕是高高地位在樹幹上方幾公尺處，像是幾條整齊的橫線，這通常是因為鄰樹倒下時受到波及而造成的傷害。砍伐樹木時，傾斜的樹冠經常碰到鄰樹而造成自己的樹枝斷裂，斷裂處會形成如刀子般尖銳的切口，整棵樹木在傾倒落下時，便常割破鄰樹的樹皮。

若看到只集中在樹幹某一邊、像雀斑斑點的疤痕，代表樹木的這一側曾遭遇到突發事件。比如在超過一百歲樹木的樹皮上有直徑五至十公分圓形的痕跡，可能是因為遭到炸彈碎片飛擊而受的傷。另外一個造成圓形疤痕的肇事者可能是挖土機了，挖土機的功用是沿著路將擋路土石從溝裡挖出，怪手沿著弧形升起後轉向路邊把土石倒進路邊的植被裡。如果樹木在這個過程被碰傷，形成層會受到傷害，因而留下之前提到的圓形疤痕。

如果圓狀斑點是在枝條的上方，那就是大自然的傑作，比如從天而降的冰雹。幾十公分大的冰雹粒不僅會打壞車板，形成坑洞；相同的大自然力量一樣會在樹皮較薄弱的樹枝上造成嚴重的傷害，在樹木復原後就會留下圓形的疤痕。

在年輕的樹木上或是特別粗的樹枝上，若有一排大約直徑在半公分至一公分間，凹凹凸凸的圓形痕跡，肯定是啄木鳥留下的傷疤。這種痕跡常見在楓屬的樹木和其他闊葉樹的樹皮上。造成這種傷痕的原因跟吸血鬼想要吸血是一樣的：啄木鳥啄穿樹幹至木質部，是為了飲用春日豐沛的樹汁，這對樹木不會造成什麼大問題，因為傷口通常在秋天時就可以復原。若這期間傷口受到真菌感染，傷處會形成較大的樹瘤（Wucherung），這些樹瘤常會讓人無法確切地跟啄木鳥所造成的傷口聯想在一起。

樹皮上的皺褶

不同樹種就有不同的樹皮，種類無奇不有。有些樹皮年紀輕輕，樹幹就出現深深的皺紋，有些已老態龍鍾，卻有著如嬰兒臀部般光滑無比的皮膚。

樹皮上的皺紋與煩惱完全無關。當樹幹長粗時，樹皮就顯得太緊，導致樹皮外層已壞死的部分撕裂。樹皮上的裂痕會隨著生長速度一起變深，因為在樹木生長的過程中，韌皮部細胞會從內部不斷往外推，一直到樹皮再也撐不住為止，樹皮便會隨著時間一片片的不斷剝落。有時樹皮脫落是因為遭受蟲害，因為昆蟲津津有味的啃食從前的殘存輸送組織所引起。最深、最明顯的皺紋，自然多數是留在樹幹的下方，這裡同時是樹幹最老也最粗的部分。

基本上，外皮剝落造成的裂痕深度與從內部往外推的樹皮補給，維持在某一個特定的平衡，我們可以很容易判斷是否真的如此：若是樹皮裂痕比五公分還要深，就表示從內部向外的樹皮補給的速度比樹皮剝落快；若是老樹上的裂痕淺平，則是樹皮剝落的比內部向外推的補給快。這個過程並不會讓樹木有一天變得沒有樹皮、光禿禿站在那，樹木的底線是露出活著的樹皮形成層，這個組織一直都是活著完好無缺不會剝落，除了樹木生病以外。

巨型紅杉的樹皮特別厚，皺褶紋路也特別深，而當花旗松老態龍鍾時，樹皮上也會有很深的皺紋。至於雲杉與橡樹的樹皮就大約均衡的維持在三至五公分的裂縫深度，當然也有少數幾個例外。

山毛櫸跟這些樹木最大的差異，就是到了一百六十歲，它的樹皮仍然沒有任何的裂痕，其樹皮的剝落能力非常快速，使得它的外皮厚度維持在一公分左右並保持美麗光滑。只有已經相當老的山毛櫸才會有比較厚的樹皮，形成外皮上的皺紋。

對某些動物來說，樹皮的皺紋裂痕非常關鍵。一個讓人印象深刻的例子是斑點啄木鳥（Mittelspecht）。牠們最喜歡在腐木或大樹上尋找食物，因為牠們需要大樹粗糙的樹皮才能抓緊掛在樹幹上。所以鳥類學家認為斑點啄木鳥應屬於橡樹林中的鳥類，鮮少會出現在山毛櫸森林中。然而這樣的說法完全錯誤，因為這種色彩繽紛鳥類在山毛櫸林的缺席跟森林經營脫不了關係。林業從業人員在有銀灰色樹幹的山毛櫸過一百六十歲的生日前就把它們砍倒，因為山毛櫸的中心超過這個年齡會開始變紅，這表示可能接下來它會被腐蝕。為避免風

有些樹種年紀輕輕時樹皮上就顯示出深深的皺紋。

險，林業者通常在這個年限內將樹木砍伐，這時它們的樹皮還沒有一絲皺紋。

事實上，山毛櫸在不受人類干擾的情況下能活到四百歲，大概在中年時，它們才會開始形成皺紋，因此在天然的山毛櫸林內，到處可見老山毛櫸，斑點啄木鳥當然能自由自在的在林間上下穿梭。

斑點啄木鳥已被認可為屬於山毛櫸原生林的物種，牠只是被迫在培植景觀（審註：指人類造成的自然景觀）中選擇如橡樹這種在青年時期就有布滿皺紋樹皮的樹林棲息。近年來，牠也被視為天然原生林的指標性鳥類，許多退休老樹也被准許在這些森林不受干擾的終享天年。

長鬍子的樹木

我經常被問到：「若樹皮上有特別奇怪的斑痕，是否代表這棵樹木已經生病？」每次我的回答都能使提問的人安心，因為那些斑痕只是長在樹皮表面且無害的地衣類（Flechten）。

地衣是與藻類共生的生物，它們的生活非常艱困又匱乏：無根的它們獲取水分只能透過霧氣與雨水，所需的礦物質養分更只能從附近空氣中的塵粒獲得。乾旱來臨時，地衣幾乎失去所有的水分，像靜止不動的木乃伊呈休眠狀態，等待下一次與雨水的邂逅。因此請不用訝異為何它們每年只生長幾毫米，也就是因為如此，它們才能夠長久活著，與其依附的樹木一樣長命百歲。

苔蘚（Moose）也是無害的益友，不管石頭或是樹木，它們只需要有一個穩定堅固的附著處就能繁衍。它們特別喜歡附著在粗大的樹幹上，雨水經常從山毛櫸這種粗大樹幹上大量地沖刷而下，並往下流往根部，苔蘚就能從水流獲取一小部分需要的養分，所以總是在樹幹的潮溼面才見其蹤跡。

不過，想從苔蘚長在樹幹上的位置分辨出方位，只適用生長在空曠寬廣地區的樹木，因為以德國地區而言，壞天候大多是從西邊而來，所以風雨也從西邊的方向吹襲（審註：因為德國在地理上位於中緯度西風帶，所以盛行西風），這也是為什麼面西的樹幹會比較潮溼容易繁殖苔蘚，那兒的苔蘚也長得比較好。如果樹木是長在花園裡的背風處，或者是有許多樹木同伴的地方，比如森林裡，那麼風吹向哪兒就不太明顯了，這時苔蘚會長在哪裡，就要看樹幹的彎曲走向。許多樹木的生長或多或少都有些彎曲，下雨時，雨水總是順著樹身的軀幹曲度而流，水流在轉彎處的下方會滴落，在有彎曲處的上方，水流會繼續流向樹根，因此苔蘚都是長在樹幹彎曲面的上方（審註：樹幹彎處會像碗一樣承接雨水，所以苔蘚會長在彎曲處上方）。若按照這樣，德國舊的童軍守則中提到有關苔蘚能預測方位的守則，會造成重大的誤導❷。

樹木的眼淚

大部分的針葉樹都會產生一種類似OK繃效用的東西，我們稱之為樹脂（Harz）。它能以瞬間秒殺的速度將小傷口緊密封合隔絕空氣，並有抗菌的功用。不論在木質部、樹皮，及針葉裡，都有樹脂的通路管道，裡面的樹脂永遠有足夠的藏量。

樹幹因遇溫帶氣旋而嚴重彎曲，木質部也產生撕裂（參閱第六章「樹幹的訊息」）。但不用擔心，轉眼間這道撕裂傷會被樹脂填滿並修復。當這棵樹木被砍伐加工變成木板條在建材店販售，板條上的樹脂囊就是木材曾被樹脂修補過的地方，在加工

譯註

② 德國舊的童軍守則提到：「樹上的苔蘚都是朝向西方！」

處理時非常棘手。樹脂囊不但沒辦法上色，天氣熱的時候，樹脂還會因高溫融化從木板滲出。

液體OK繃非常好用，不僅能封塞裂縫，更重要的是，裡面所含的透明物質是對抗小蠹蟲（Borkenkäfer）最好的防衛武器。一旦這種貪吃的小動物開始往樹皮鑽孔，

樹脂是針葉樹神奇的OK繃。

健康的樹木馬上會祭出致命的迎賓酒水（樹脂）回應，並緊緊的把這小傢伙黏住。當我們看到樹幹表面上布滿水滴狀的樹脂，表示樹木受到攻擊。假如是遭受昆蟲攻擊，掛在樹皮上如淚滴的閃亮水滴，就是代表樹木完美地對抗並打敗了入侵者。

為什麼只有針葉樹有這種萬能藥劑？針葉樹之所以會有儲備樹脂，可能與雲杉及松樹等樹種是來自寒冷的北國故鄉有關。在那邊，漫長冬日才結束，涼意未盡，動物們已迫不及待，用爆發力十足的能量展開新生命。當然，小蠹蟲也不例外，趁著樹木還未甦醒、疲憊遲鈍，便趁機而入，大啖美食。在這種情況下，能夠有所反應防禦甲蟲並不失為上策，雖然此時樹木都還睡眼惺忪，才剛剛從冬眠甦醒！

真菌感染會造成另一種樹皮布滿樹脂的類似景象，這代表樹木已經受到非常嚴重的威脅，細微真菌絲大舉進攻樹木內部會造成組織壞死，在與真菌的大戰之下，樹脂用盡、樹脂管道變空。只有在極少數的情況，樹木可以戰勝真菌感染；大部分的情形是大量樹脂突然流出樹皮表面，接著針葉會轉黃最後凋落，表示樹木已走到生命的盡頭了。

寫真：千金榆

千金榆（Hainbuche，*Carpinus betulus*）的名字裡因有櫸樹的含意，很容易引起誤導，其實它應屬樺樹屬，而不是山毛櫸科。

千金榆是德國本地土生土長的闊葉樹，在各種環境下都可以安身立命，它在森林裡靠著穿透山毛櫸和橡樹樹冠的一點光線就可以生長。這一點光可以讓它生存下去，但沒辦法長成粗壯的大樹，故千金榆的外觀看起來總有些嬌小玲瓏加彎腰駝背。如果放任它自由的肆意生長，最高可長到二十五公尺。它跟樺樹一樣，最高壽限僅有

一百二十歲。

千金榆不講究、易滿足的天性，相當適合做為樹籬：它的枝葉耐蔭力強，葉子總是濃密茂盛，能忍受花園園主每年的修枝裁剪，從不發牢騷。它有一部分已枯黃的葉子會掛在枝椏度過寒冬，在冬日時，千金榆樹籬還是有一些遮蔽的作用。

第九章

樹葉：樹木的眼睛和肺部

樹葉是樹木的眼睛，也是光的孩子，樹木把「葉子生出來」，是為了將一束束的光線轉換成粗大有力的樹幹。同時，樹葉也是樹木的肺部，上面分布著一萬個氣孔，白天吸收二氧化碳，晚上吸收氧氣。

醫技高超的醫生幫人看病時，不需要冗長的問診，有時他只要瞄一下患者的眼睛，就能探出病人的健康現況。

樹葉是樹木的眼睛，也是光的孩子，樹木把「葉子生出來」，是為了將一束束的光線轉換成粗大有力的樹幹。同時，樹葉也是樹木的肺部，上面分布著一萬個氣孔（每一片葉子上就有一萬個！）白天吸收二氧化碳，晚上吸收氧氣。

為了不讓樹木被沉重的「太陽能面板」壓倒，葉子的構造生得極其精巧細緻（當然也包括針葉樹的針葉）。它們不但輕盈且超級敏感，難怪任何一個樹木的器官都沒法比樹葉（綠葉）更能反映出樹木的心理狀態與個性。接下來的章節，我將用不同的角度仔細探討一下樹葉。

冒險家與膽小鬼

每年的秋天，正值落葉時期，闊葉樹的葉子便開始窸窸窣窣、沙沙作響，接著就擺脫了樹木而落地。為何葉子會落下？即使已經有很多不著邊際的說法，事實上，真正原因近在眼前：樹木落葉是為了減少秋天溫帶氣旋來襲時的受風面積。想知道這個策略行不行得通，只要每年秋冬季注意關於溫帶氣旋的新聞就可以得到證明。因強風傾倒遭殃的樹木，大部分都是針葉林，只有在少數的情況是闊葉林。為了避免因葉子掉落而流失太多養分——這裡主要是指氮（Stickstoff）的流失——樹木會分解葉子內的蛋白質連結鏈，然後將養分送至樹枝儲存。接著樹葉會分解葉子中的葉綠素（Chlirophyll）。此時，之前顏色被葉綠素蓋過的類胡蘿蔔素（Carotinoide）會顯現出來，將樹葉染成橘色跟黃色。然後樹葉在葉柄部位形成離層細胞造成落葉，直到枝幹光禿無葉，任風穿溜吹襲。

樹木開始落葉是因為白天的長度縮短，並附帶著氣溫下降所引起。對此，順道提醒，樹木已被證實對這兩種落葉的原因真的有所感應。你可以從寒流如何影響每棵開始落葉的闊葉樹中看得出來：樹梢的葉子會最先感到寒冷，也最早落下，掛在它們下面的其他葉子通常可留在樹枝上，延遲一至二周後才緩緩落地。但這個過程並不是表示只要寒流來襲，所有樹木的樹葉就會同時變黃落葉，尤其當同樹種的樹木聚集在一起時，就更能清楚的察覺出這點。在同一環境條件下，有的葉子在十月初已經變色，其他的樹木同伴卻到了十月中仍保有綠意。之所以會有這些差異，既不是因為土壤，也不是由於水分吸收，更不是因為微氣候（Mikroklima）❶形成的環境條件不同所可以解釋清楚的。

我用三棵相鄰生長的橡樹舉例說明：這三棵橡樹相離約三十公分，從遠處看起來好似是一棵橡樹。深秋時，因三棵橡樹落葉的時間點都不同，因此非常容易能辨認出實際上是獨立的三棵橡樹，然而在它們方圓一公尺內的所在位置，其實是分享相同的土壤、同樣的水域條件，以及所受光度與溫度狀況都一樣。

它們之間的差異是由其他原因造成的，其實就是每棵樹都有一套自己的風險策略。事實上的現象如下：在進入冬眠前，樹木一定要甩掉葉子，因為一旦進入冬眠狀態，樹木就不再有感覺或反應。每年第一個真正凜冽結霜的夜晚來臨前，是樹木落葉的最後期限，因為從這個時間點起，樹木會被強迫休眠。假如樹木錯過這落葉時刻，葉子就會掛在枝椏上過冬，而樹木被風暴吹倒的機率也會相對增加。接下來情況開始變得更棘手了：樹木要如何得知溫度何時降到冰點以下呢？答案是樹木知道得就跟電視氣象預報一樣少（審註：意指目前樹木和人類都無法預測天氣）。你看，有時候我們能享受到好幾天、一直延續至十月底溫暖如夏的「黃金秋日」，有些時候卻在九月末就遇到本年第一次的秋天溫帶氣旋狂吹，接著在十一月初已見深深積雪。然而我總是認為，至少樹木對於冬天是否提早報到這件事是有概念的。

現在回到樹木為何在不同時間落葉的議題，每棵樹木何時開始落葉，其實與樹木的個性有關係。比如謹慎小心型的樹木，為保險起見，通常都提前一至兩個星期就甩去許多葉子——因未來是無法預料的！其小心謹慎的代價就是它製造糖分的時間相對縮短，而必須以較少的「過冬脂肪」（審註：這本來是指有些動物，例如熊，為冬天增加脂肪以度過冬眠，作者轉用在樹木上）度過冬天。假如隔年來春樹木不幸生病了，可能就是表示樹木缺少了這份過冬脂肪。

至於勇敢豪放型的樹木會盡量拖延把葉子掛在枝上的時間，直到最後一刻。對它來說，黃金十月的每一天，都是賭看看能不能儲存到豐沛糖分的好時機，而在它身旁小心謹慎的樹木同伴早已進入冬眠，只能把希望放在來年的春天。只是它做得太過火時，當年度首次嚴寒的霜露會出其不意的來臨並強迫它進入冬眠，所以整個冬天留在

譯註

①又稱小氣候效應，指小範圍的氣候環境與周邊大環境有所差異的現象。比如在湖區附近的氣溫會比較低，或是原本相連的林區遭外力破壞被分隔兩區，也會造成原林區內小環境的氣候改變。

樹木何時落葉，或是早春時何時發芽的問題其實是與樹木個性有關。

樹木上的黃葉告訴大家，在此是哪種個性的樹木算錯落葉時刻。

早春時，葉子的生長情況正好與深秋落葉時完全相反。柔弱嫩綠的春葉對五月降下的寒霜特別敏感，若寒霜凍傷了樹木所有新長在外部的組織，樹木就必須奮力的用盡殘存的精力再次萌芽。所以小心謹慎型的樹種寧願在畏怯害羞的葉芽張開前，稍微再等待一陣子才長出葉子。相反的，膽大勇敢型的樹木勇士就如口號常喊的一樣：「唉喲，我不怕，我來了！」（Hoppla, jetzt komm ich!）❷，利用提前報到的暖暖四月天迎接新春。但如同在秋天判斷何時落葉的現象一般：若猜對葉子的生長時間，決定提早發芽，樹木能獲得額外的能量；若誤判了，勇敢冒險型的樹木會比謹慎小心型的樹木更晚發芽。至於樹木如何找到落葉與發芽理想時刻的判斷標準，就得看樹木的「個人智慧」而定。

譯註

② 這是一九三二年的德國流行老歌，主唱是名演員及歌星的漢斯．阿博爾斯（Hans Albers）。「唉喲」是不小心絆跌時常說的口語，這首歌的歌詞寓意是勉勵人們遇到困難不用畏懼，凡事勇往直前。

個性隨興的樹木

之前曾提過，樹木在冬眠前，會從即將落下的葉子中收回部分有用的養分。然而，不同的樹種會有不同的運作，像柳屬的赤楊樹會任由綠油油的葉子落下，完全不回收養分，因為它們靠共生的地下根瘤菌（Knöllchenbakterien）就能充分補給其所需的氮料。其他的樹種如蘋果與櫻桃樹的葉子，在被染成紅色或黃色之後，就立即葉落滿地。至於山毛櫸或橡樹則是從它們的「太陽能面板」回收養分最徹底的樹種，等到葉子變咖啡色後，葉子才會掉落。以上這些現象都只是一般通則，當然也有例外的情況發生。

有些樹木的個性馬馬虎虎，不按牌理出牌，無條理又不遵照系統規則，採取葉子任意掉落的方式，不管綠葉、黃葉或枯葉，都隨興甩落，而且常常是在一個葉子上就出現好幾個顏色。靠近葉子的邊緣是咖啡色，往葉子中心的方向可見到黃色，接近葉脈並往葉柄延展而去都還是綠色。讓人覺得這棵樹木看起來根本沒有一點耐心專注於完成樹葉的分解代謝、準備落葉。至於樹木是否能承擔偷懶所造成營養流失的後果與損失，就要等到明年早春才見真章。

有的時候在勤奮型樹木上，會發生葉子都還留著綠色的斑跡就被甩落丟下的現象。其實，這些綠色的部分表示樹木已受真菌或細菌的感染。這些一心只想稍微再多停留於樹葉上，獲取吸收更多葉子汁液養料的小小寄生生物（如真菌類），會干擾樹木分解樹葉上蛋白質回收的過程。

吊兒郎當、馬馬虎虎個性樹木的落葉與已被病菌寄生樹木的落葉是有差異的，你可以從落下的葉子上的染色情況來判別：葉子的變色若是從葉柄的方向開始，從葉沿開始的綠色漸往葉面中心變成黃色（或紅色）及染成咖啡色，表示樹木是屬於馬虎型，沒有用心處理落葉的程序；如果葉面色染的順序剛好相反，從葉柄處開始一直到整片葉面是咖啡色，但葉子的背面卻呈現綠色，表示微小的寄生物阻撓樹葉進一步的分解代謝工作。

特別像櫻桃樹、花楸樹、長果花楸或白面子樹等薔薇科的植物，經常在風調雨順的「好年冬」，由於日照充足又雨水充沛，早在八月底就為來年做好儲存，準備收工，秋日的樹葉開始變色，斑斑紅葉的外表顯示樹木離進入冬眠的階段已不遠。難道這些樹木搞錯月分嗎？因為在它們旁邊的橡樹、山毛櫸及白蠟樹仍是枝葉茂盛，綠意盎然。

事實上，它們並沒有搞錯，只是留下葉子再也沒有意義，因為它們的儲藏室已經滿了，樹木裡主要負責儲藏用途的組織已完全填滿糖液與蛋白質，繼續開工生產完全沒有意義。所以這些樹種在豐年後就早早停工休息進入冬眠，雖然落下葉子，但不表示樹木生病，落葉只是告知大家：「我飽了！」

終年常綠的樹種

除了原生種的落葉松外，德國地區的針葉樹（大多是國外引進的樹種）都是終年常綠，秋天來臨時並不會落葉，或是至少會保留大部分的葉子。當然有時針葉也需要汰舊換新，一些老的、受損的針葉隨著時間流逝，必須更新輪換，其中年紀最長的針葉會首先凋落。到了春天發芽時長出一輪新葉，以維持每根樹枝上的「簇葉」（審註：針葉樹的針葉是一簇簇長在一起）每年都在一個穩定的數量。依樹種不同，簇葉上的數量會從四根一束（松樹）到十根一束（雲杉）不等，要是樹木生病，每一束的數量就會比應該有的少。

當闊葉樹落葉時，針葉樹也會跟著落葉，但針葉樹凋落的大部分皆是多餘無用的葉子，好像針葉樹也想對繽紛燦爛的秋景有所貢獻一樣。然而，為何針葉樹要留住葉子，保持常綠呢？難道它們不用防範秋天即將來襲的溫帶氣旋，將葉子落下以減少樹木受風的面積嗎？中歐地區百分之九十被溫帶氣旋吹倒的樹木，可都是雲杉、松樹與冷杉等針葉樹種啊！

我們可以從這些針葉樹種的原生故鄉得到以上問題的答案。在世界各地只要是氣候極為乾燥並長期酷寒的區域，便是這些針葉樹樹種大展身手的地區，如西伯利亞的針葉樹林帶（Taiga）❸，這個位於北方的針葉林帶分布於西伯利亞經北歐斯堪的那維亞，延伸至加拿大，春、夏、秋三季在此都只有短短幾周。在這期間內，樹木要萌生樹葉、生長木質部，之後還要再拋掉已凋零的葉子，實在太費工又很耗時。樹木若有辦法隨時開工，就可以好好利用早春時偶爾幾天出太陽光又溫暖的日子，即使接下來又遇到下雪結霜的日子，也沒什麼損失。為了不使樹葉凍傷，針葉樹會在針葉裡放「防凍劑」（就是當我們拿起針葉用聖誕降臨節花圈上的蠟燭燻燒，造成針葉猛然膨脹的物質）。另外，針葉還具有一層防止蒸發的、厚厚的保護膜，讓它們跟其他的闊葉樹葉子相較，相當堅硬。就是因為針葉具有這些機制，才能使大多數的針葉樹保持常綠，這也是為什麼針葉樹能夠占領許多闊葉樹樹種根本無法生存的地區。

人類卻因為許多原因將針葉樹移植到闊葉樹的故鄉——中歐地區，有時候是因為

譯註

③ 歐洲地區通稱北方針葉林為Taiga，源於突厥或蒙古語。

林業需求，或是個人審美品味不同，或是為了聖誕樹的生產供應。中歐地區的生長條件與北方截然不同，比較起來，中歐地區的氣候較溫和且水量充足，植物生長期從短短數周變成六個月。簡而言之，這裡簡直是針葉植物的極樂天堂。這樣的環境對針葉樹不會造成任何傷害，針葉樹在這個對它們來說「不自然」的環境茁壯生長，長得有點好過頭了。在這裡它們加速度的垂直往上生長，好像不敢相信自己的運氣這麼好！然而，看看作家威廉．布施（Wilhelm Busch）[4]是怎麼說的？「別拜託老天大發慈悲了，因為結局早已注定。」（Aber wehe, wehe,wehe, wenn ich auf das Ende sehe!）這結局從統計機率上來看，凡超越二十五公尺高的雲杉，在典型冬季溫帶氣旋的持續威脅下，因還帶著綠色針葉的樹冠，在槓桿作用下，使得根部受力非常大，所以雲杉遲早都有可能被風吹倒。

常綠針葉樹還是免不了會遇到另一種很少發生的意外。當早春突然變得很暖和，針葉樹上的雪一下子就融化了，然後它立刻可以開工，因為跟闊葉樹同伴相比，它身上還帶著小小太陽能發電板裝置，有時針葉樹就會出現上下失調的問題。初春時，針葉樹上層的樹冠雖已開工進行光合作用，但地底的根系因為土壤還未解凍，沒辦法往上輸送水分，而已經開工好像沒意識到根部情形的葉子卻已開始吸收水分，一直到連樹幹原來儲藏的水分也吸盡，便導致樹木乾枯死亡。

樹木的排泄作用

樹木是令人讚嘆的生物，而且具有部分人類特性。它能呼吸，以糖分做為養分（糖分是由它的葉子工廠所生產），它能感知父母的喜好教養，並且會經營友情。到目前為止，我把一個非常正常的主題略過了：樹木是否有時候也必須要「上洗手間」？畢竟，地球上沒有一種生物只有吃喝，而不上廁所、不排泄的。

樹木是吸收二氧化碳、水解澱粉（葡萄糖），放出氧氣（對樹木而言，氧氣是所謂的廢氣）的生物，但這還不是完整的答案。我們人類也是將大部分的養分分解成二氧化碳和水，吸收其中的氧。只是，我們如何處理多餘無用還未消化吸收的東西呢？人類是以尿與糞便的形式排泄廢物，而樹木呢？你曾見過它們的排泄物質嗎？當然，你已經見過了！秋天掉落的葉子（闊葉或針葉）就是所謂的「樹木排泄物」，樹木在甩掉葉子之前，會先將無用的物質輸送到葉子上，葉子就隨著下一陣清風帶著這些廢物落地歸土。

譯註

④德國著名的詩人、漫畫家與雕刻家，擅長用諷刺的筆法書畫人生百態。文中的句子是摘自他一八六五年的諷刺漫畫集《馬克斯與莫里茲》裡頭的序文。

此時，樹下早就等候著負責「廢物利用」的工作者。假如沒有它們進行這些處理工作，樹木總有一天會因地上的落葉覆蓋土壤而窒息死去；再說在整個土壤圈若沒有進行廢物利用的機制，土壤很快就會退化。有一整群的「艦隊」（審註：指土壤中的微生物）利用分解落葉，但至今我們仍然沒有鑑定出每一種分解落葉的生物，不過可以確定的是，森林的存在不能沒有它們。

當被拋棄的「太陽能面板」掉到地表上時，潮蟲（Asseln）與甲蟲類會搶先啃食，真菌跟細菌也隨即加入盛宴行列，等到落葉稍微腐蝕變鬆軟後，蚯蚓（Regenwürmer）、彈尾蟲（Springschwänze）與蜱蟎蟲（Milben）也陸續加入分解隊伍。牠們蠶食森林內每年每平方公里所產生堆積如無限高的小山、超過四百公噸的落葉，再加上至少一千一百公噸的殘幹、枝條及大小動物的屍體。

這些饕客蟲兒食用落葉時，總會吞下一些土壤，使牠們的排泄物混和著一些腐植質與黏土。我們的肉眼都能見到這些渣屑狀的小圓形顆粒的小土堆，它們是涵養水分的最佳載體，而且能夠吸附天然礦物質。

在森林中，這些樹木小幫手的總重量占有舉足輕重的地位，林區裡每平方公里所有哺乳動物占的重量最多是三公噸，而同樣的面積內卻生存著二十公噸重的蚯蚓。科學家估計其他的落葉分解微生物（Laubfresser），像蜱蟎類、彈尾蟲等加總的重量，每平方公里竟然可達兩千公噸之多。當你在森林中漫步時，你能在腳下發現多樣豐富的動物面相，就如同在熱帶雨林的一樣，不是每一種物種都已經被發現登錄。但我們可以確定一點就是，一直到今日，科學界還沒有徹底研究森林生態系統中樹木和「小小饕葉客」的關聯，更別提瞭解釐清兩者間的關係了。

回收「樹木的排泄物」並不是這些小不點（小型生物）唯一的生態服務。比如蚯蚓的種類約有四十種，分別住在地底下不同的層級，某些種類的蚯蚓只會在表層土壤鑽挖，有些種類的蚯蚓則會向下鑽至超過兩公尺的地下層。牠們打通的通道被塗上黏液與排泄物，以便能迅速的下滑入地底。

生活在土壤為數眾多的生物能回收落葉，轉變殘葉成為細微的腐植質。

這些管路通道除了形成地下層的通氣系統供應樹根所需的氧氣，也幫助雨水盡快滲入土壤，讓珍貴的水分能涵養在土裡，不會立刻流失進入下一條河中。最後一點，因為可以節省氣力，不用打穿堅硬的土地，所以樹根的分枝也特別喜歡沿著蚯蚓開通的路徑生長。

落葉在經過小幫手的努力下，三年內將

被完整的回收處理為森林裡土壤中的腐植質，樹根在此會再次找到最佳的生活環境，永保溼潤並保有足夠的礦物質養料。

不管在哪裡，樹木與土壤微生物之間的循環互利都能有效的運作，只要雨量足夠，樹木就能創造自身需要的土質。如果你在自家花園內有種樹，當你為「地下的房客」（微小的土壤生物們）將落葉集中圍繞在樹幹下堆放，會是一種對它們非常友善（而且保溼）的表現。

大掃除

讓我們再回溯到樹枝的主題，因為樹木的排泄作用不只有落葉分解。當樹枝們無法獲得足夠光線時，將變成樹上多餘的部分，即使如此，它們還是先留在樹上，因為樹枝不會產生離層細胞（跟多餘的闊葉和針葉不一樣，這些葉子會產生離層細胞）。前面的章節中曾討論過關於真菌與樹木間互相競賽的現象；樹木將用盡全力盡快的將殘枝落下後的傷疤包覆。這裡有一個重要的細節仍待說明：首先枯萎的樹枝必須要落下，不然即使樹木怎麼努力，也不可能把還連著樹枝的傷口包覆起來。假設樹枝是三公尺長，表示樹幹圓周必須增粗半徑三公尺，才能鋪蓋到樹枝枝椏的頂端，之後再長出新的樹皮覆蓋枯枝。樹幹增粗半徑三公尺表示，那是一棵六公尺直徑圓周的樹幹，在我們這裡，根本不可能有這種巨樹。假如真有其「樹」，整個過程也要經過好幾百年，可想而知，在這情況裡的勝利者一定非真菌莫屬。

所以，樹木一定要想辦法擺脫死去的枯枝，留在樹幹上的枯枝愈短，包覆殘枝的工作就愈快。只是樹木如何挪動組織壞死的枯枝，將它從樹幹剔除呢？它必須靠外力幫忙，無法靠自己。外力的幫手指的是從頭到尾，一心一意想攻擊樹木的真菌，它們開始腐朽還在樹幹上的殘枝。若整個環境條件愈接近理想的森林氣候，環境

粗大的枝條會在特別多霧的環境下斷離樹幹。

愈潮溼陰暗，真菌腐朽樹枝就愈能無往不利。

當整條殘枝腐裂完成，就等著秋風來問津，一旦強風猛攻，整棵樹一直到樹枝前端都被吹彎了，這樣一來，乾枯的細弱枝條就會因此斷裂，從樹冠、樹幹分離。風，有如一把巨大的掃把，把樹上無謂多餘的、裝飾用的樹枝都掃落。

至於五公分直徑以下的小枝條，每年會依上述所說的過程被樹木汰換，但是樹木若想剔除比較粗的樹枝，困難度比較高；至於對會形成心材的樹種來說，更是難如登天。因為這些樹種常常形成直徑十公分以上的枝條，其中心部分像死去樹幹的心材一樣，也會分泌防禦物質抵抗真菌。只要樹枝還活著，這個行為是合情合理的，因為若是樹木受傷，它不會立刻被真菌腐朽，但這樣一來，也沒辦法輕易擺脫枯死的樹枝。所以常見比如橡樹、松樹、落葉松及其他會形成心材等樹種的粗枝滿掛樹幹，完全沒有意願落地。

但枯死的樹枝總有一天被腐朽到幾乎無法留在樹幹上，這時讓樹枝落下的並不是清風。特別是在無風的時候，在古老的原生林裡反而不時地砰砰作響，原來是樹枝轟隆的落到地上的聲音，在森林散步的人被嚇到四處尋找觸發木頭炸彈的始作俑者，而森林中潮溼的空氣就是引起樹枝掉落的主因。當氤氳霧氣替森林添加神祕氣息的當下，枯枝也在此時大量吸收水分（審註：因為空氣的溼度變高）。枯枝慢慢地變得愈來愈重，當重量增加到樹幹無法負荷的程度就會折斷落下。所以可確定的是，漫步在森林裡，不管是在多霧的天候或是溫帶氣旋來臨時，都是一樣的危險。

寫真：野生歐洲甜櫻桃

野生歐洲甜櫻桃（Vogelkirsche，*Prunus avium*）是歐洲甜櫻桃的原生種。歐洲甜櫻桃會遇到與野生蘋果樹類似的問題（參閱第十九章），因為跟人工培育的果樹樹種的花粉摻雜混和，使我們愈來愈難找到純種野生的歐洲甜櫻桃品種。除此之外，其實野生歐洲甜櫻桃是個十足十的樂天派：它喜愛溫暖且日照多的地點，會用快速生長感謝種下它們的花園主人。它不喜歡潮溼與偏酸的土壤，與其他地區比起來，在中歐與南歐讓它感到最舒服自在，它會長得跟橡樹及山毛櫸差不多高。跟蘋果樹不同的地方在於，我們能夠在茂密的森林內找到野生歐洲甜櫻桃的蹤跡。

它們的果實因常常還沒成熟就被貪愛野櫻桃的禽鳥一掃而空，所以被德文直譯為「野禽櫻桃木」。它在青壯時期快速成長（最高能長到二十五公尺）所付出的代價就是壽命不長，最長能活八十年，最後在被真菌腐朽後結束一生。

第十章
樹木的傳宗接代

一旦樹木開始為傳宗接代而開花，就是表示它們青少年期的終結。基本上，樹木會終生持續的往上生長，只是在這段期間，全心全意往上抽高的現象會減緩，因為有一部分的生長能量必須投注在產生種子。

樹木的一生經歷和人類相同。同樣會歷經童年、青少年到成年人的階段，爾後再經歷一段虛弱殘疾的垂暮時光，最後步入死亡。你一定能夠分辨出樹木從青少年時期蛻變到成熟的過渡階段：樹木首次開花。然而，依種類的不同，不同品種的樹木第一次開花的時點也不同。梨樹、櫻桃樹，以及其他的果樹或柳樹等早熟型的樹種，大概在十歲左右就迫不及待的開花結果，傳宗接代。

至於晚熟型的樹種，也就是典型的原生林樹種，成長期就比較長，視原生林樹種的幼苗能獲得多少光線決定成長期的長短，有時要到四十歲或是一百五十歲時，才會第一次開花。無論如何，一旦樹木開始為傳宗接代而開花，就是表示它們青少年期的終結。基本上，樹木會終生持續的往上生長，只是在這段期間，全心全意往上抽高的現象會減緩，因為有一部分的生長能量必須投注在產生種子這件事情上面。

樹木的傳宗接代有其特殊的方法（在這裡就是指樹木開花），在此我們須更進一步確切的觀察一下樹木的演化策略。不同樹種間都有明顯的基因差異，彼此間遺傳性狀的差別也很大。樹木間性狀的差異比來自不同大陸的人類還要大得多。造成這些巨大性狀差異的理由很簡單：因為樹木可以活約四百到五百年。甚至曾有些樹木活到高齡一千年，樹木的高壽也造成它們兩個世代間時間上的差異非常大。年輕的樹木獲得生長機會的前提是，必先等祖父母或父母退休（死亡）。這在原生林內就意味著幼苗必須等待許多年，直到老樹腐朽傾倒後，光線終於可以直射至地表，原本在林下苦等的小樹苗因此可以重見天日，開始全力以赴，往上生長。

能夠適應環境改變的性狀在演化上是透過世代交替產生，因為此時基因會交換重組，進而產生有異於上一代的性狀。所以父母和小孩之間的年齡差距愈大，能夠產生適應環境改變性狀的機會也愈小。以樹木的平均壽命來說（審註：四百歲到五百歲），人類在這段期間平均能夠傳宗接代約二十到二十五世代，所以人類適應環境改變的速度也比樹木快二十到二十五倍。

樹木為了補救上述的問題，每一棵樹木的差異都非常大，以至於同一樹種之間基因的差異性大到如同大金剛猩猩與黑猩猩兩個物種間的差異一般，造成山毛櫸非山毛

人工培育選種的果樹和樺樹每年都會開花，
許多其他的樹種在天然的情況下，是四到五年才會開一次花。

櫸，冷杉非冷杉的情況。

由於樹木每一次的世代交替進行得非常緩慢，基因的重組交換在繁殖時就特別重要。但是這在原生林裡卻是一個難題，因為原生林木下的光線非常昏暗，雖然這是樹木有意為之，為了只讓自家人的後代子孫存活，所以從樹冠透射下的光線愈少愈好。這種陰暗的環境驅趕了經常為爭奪水源、養分，又擾人並喜好光線的其他競爭對手，也就是雜草與灌木，使它們無法在林下生長。但是沒有雜草灌木，也就沒有定期需要花粉、花蜜的昆蟲可以幫忙授粉，況且樹木不是每年定時開花，不可能留住大群的昆蟲在這麼廣大的原生林內棲息。

為了設法讓大量的基因重組交換，原生林的樹木能靠的只有風的媒介了。藉風的助力，把細如塵埃如一大片雲朵的花粉團吹送至數公里外和它們同樣樹種的雌花交配。為了在花期讓其他樹木的花朵確實接獲花粉粒子，完成授粉，樹木必須送出大量的花粉。當繁花似錦時期，原生林內每平方公尺面積的地區須充滿超過兩萬個花粉顆粒，才能確定所有的雌花都能授粉受精。

長在森林邊緣或在大草原上的樹木運氣就比較好。林木間的花粉傳遞與受精交配，由如同好幫手的昆蟲負責。這真是好處多多，無以數計的昆蟲在草原上花開滿地的草本、藥草植物間穿梭覓食，順道沾黏著花粉替樹冠上的花萼授粉。

樹木的性別依樹種會各有不同。像多數果樹的花朵都是雌雄同蕊，森林靠風媒介授粉的樹種則是雄花、雌花分開，外形也不同，這類樹種的典型代表有樺樹、核桃樹、橡樹，或是山毛櫸等。楊樹、柳樹與赤楊，或是銀杏（Ginkgo）等樹種，甚至有公母之分，但它們的性別只有在開花時才分辨得出來。

樹木的傳宗接代非常艱辛，為了在秋天前結締成熟的果實，花朵必須愈早出現愈好，有些花甚至開在春天萌葉之前。除此之外，新芽嫩葉的生長也需要花費很大的精力，進而減低了用來抵禦病害的免疫力。這些行為都是有風險的，這就是為什麼大部分的樹木都只有四年到五年間開花一次，但早熟型的樹種如柳樹或樺樹是例外，幾乎每年都開花結果，將種子傳播到遠處。還有在德國，人工種植的果樹也像早熟型樹種一樣，經常能開花結果——說真的，有誰願意種下一棵百年才能有一次歡慶豐收，長久不能開花的果樹呢？

似乎森林裡的樹木（橡樹、山毛櫸與松樹）看起來也不願意落後果樹們太多，讓愛開花的它們專美於前，於是也縮短了開花的間隔期間，因而每二到三年，我們在森林內都能見到橡實、山毛櫸的槲果與毬果。其實造成樹木縮短開花間隔期的真正理由是壓力使然。當樹木感覺自己狀況不太好時，會特別專注把能量投資在繁殖下一代，這也將讓它失去更多的力氣。樹木這種採取類似自我毀滅反應的意義是：樹木害怕自己可能活不到明年，認為現在將是它生命中的最後一年，所以想趕緊再次完成最後一次的傳宗接代，至少它的基因會繼續傳遞下去。所以樹木要是今年突然花開得異常茂盛，通常都是在前一年受到壓力的緣故，例如前一年的夏天特別乾燥這種壓力。目前不少樹種因受到空氣汙染與氣候變遷的壓力，已將開花的間隔節奏縮短成二至三年。當你家花園的樹木進入暫時喘息歇腳的休眠狀態，就算今年沒有果實纍纍的蘋果好收成，請別擔心嘆息，就當作這只是它們應得的假期！

第十一章 樹木的種子

喜歡落腳森林區的樹種，其種子就得多帶一點在尋找落地生根的路途上所需要的糧食點心。因為當種子落腳在昏暗的大樹樹冠下，等待發芽的時間經常很久，有時會久到連存糧都吃盡了，也等不到破土而出的那天。

為了讓種子順利落土，樹木會應用不同的策略。許多樹木的種子選擇藉用風媒，並為此形成不同特殊的結構。種子若想飛翔，它儲存發芽糧食的空間一定要盡可能的輕巧。楊樹是屬於這方面真正的專家，它們將種子的重量減到最低，比一毫克還輕。楊樹的種子看起來像刺蝟，不過上面插的不是針，是絨毛，只要微風輕吹就會隨風飄揚，當遇到暴風時，種子更可肆意飛行一百多公里遠。

屬於早熟型的楊樹，棲息在荒蕪又是新開拓的新生地時，生存對它們來說輕而易舉，完全不需要母樹保護。然而，楊樹種子如此輕便的構造有一個嚴重的缺點：因種子裡毫無空間儲藏油或脂肪等物質，以致種子必須盡快靠自己的力量落地生長。還好種子們有意落腳的地方，正好也多是沒有其他的樹種預先移民落腳的荒地，在無競爭對手的環境下，反而讓這些細微的小小種子有辦法長大成樹。

若是喜歡落腳森林區的樹種，種子就得多帶一點在尋找落地生根的路途上所需要的糧食點心。因為當種子落腳在昏暗的大樹樹冠下，等待發芽的時間經常很久，有時會久到連存糧都吃盡了，也等不到破土而出的那天。通常林區內只要有一束光線從上透照在土地上，早就有其他的競爭樹種的種子蓄勢待發，伺機發芽。

所以種子儲存的能量最好至少能撐過好幾個月，直到能夠入土長出一條能運作的主根與向上長出第一片葉子為止。但是帶著存糧的種子重量都不輕，所以沒辦法靠著絨毛飛起來。為了解決這一點，樹木精心設計了繞固定軸旋轉的「翅膀」（審註：或稱「旋翼」），讓種子如同搭了直升機一樣，飛到幾百公尺之外。大部分的針葉樹或一些闊葉樹，如岩槭或挪威楓的果實都有這樣的翅果裝備。

當種子發芽需要的能量更多時，即使讓果實裝上翅膀也飛不動，就如橡實、山毛櫸槲果、胡桃或榛果，實在是太重了，不過樹木還是有辦法讓果實從四處傳播。因為西歐小松鴨（Eichelhäher）、松鼠（Eichhörnchen）或其他的動物，正需要這些營養豐富又最適於冬藏的果實。

為了保險起見，牠們會儲存幾百個甚至幾千個果實（每一隻就可以儲存這麼多果實），有些果實在下雪時又能被尋回，並慢慢地被動物們吃掉。一般的現象是哺乳類動物只會在牠們生活動線方圓幾公尺內埋藏果實，禽鳥類就有辦法把果實帶到遠方幾公里外。

研究已證實，松鼠會忘記部分冬藏食糧的藏匿地點在哪裡。我幾次從書房的窗外觀察到某隻雙耳狀如毛筆的松鼠，絕望慌張的四處奔跑，在雪地裡尋找挖掘牠之前藏下的種子食糧卻一無所獲。對這隻松鼠來說，牠必須面對餓死的風險，可是對於這些埋藏在適當深度土壤裡，正在養精蓄銳靜養的種子來說，卻是長成大樹的最佳良機。

科學家也已研究證實，西歐小松鴉能記得超過一萬個藏匿冬糧的地方。當然，牠們沒有辦法將所有的冬藏食物全數吃完，因為牠們知道若吃過量造成體重超重，會無法飛行，同時一部分多餘的果實也只是為了來春時餵養新生雛鳥所做的準備，這些雛鳥被准許分食媽媽藏起來的果實。況且身為鳥類，也沒辦法確定到底這一胎會生幾隻，所以能存多少果實就存多

松鼠會一再忘記部分的冬糧藏匿處。

少，小心駛得萬年船。這個情況跟上述松鼠的例子相同，沒被消耗食用的冬糧種子替樹木種子來年留下了發芽的好機會。

樹木靠著動物的幫忙傳播種子，動物則間接把自己食用植物來源的樹種分布範圍擴大，這樣一來，也使得動物的下一代食物供給來源變得更多、更穩定。

野豬是樹木傳播種子計畫中的「麻煩」。每到秋天，這個有著長鼻子的動物都在樹下努力翻尋挖掘食物，希望能大吃一頓，養一圈肥肉好過冬。在過去的年代，野豬常能獲取豐足的橡果與山毛櫸槲果。幾百年前，家庭畜養的豬隻就是靠樹木秋日的豐收果實被養得肥滋滋。直到今日，專業領域的人士都還訴說當年的「豐年」，指的就是過去森林中的橡樹及山毛櫸結實纍纍的豐收景象。

野豬對森林的助益多於破壞的說法已耳熟能詳：由於牠們在森林的土地上尋找、翻挖果實，同時順便埋入一些種子，所以幾千棵樹木幼苗應該都被留在地底下。可惜這是完全錯誤的想法。事實上，野豬的嗅覺特別靈敏，因此牠們幾乎能在森林裡找到所有的橡實與山毛櫸槲果並全數吃光。又由於近來野豬繁殖數量大增，一到秋天，林區內樹木的果實必被豬群們掠食，吃得一乾二淨，讓母樹們期待明年春天後代幼苗能出現的美夢破碎。

有另一種說法是野豬大量繁殖是氣候變遷的緣故，或是說得再精確一點，完全是暖冬的關係。跟以往相較，因為橡樹與山毛櫸受到環境壓力的刺激竟經常開花結果，這也是造成野豬數量大增的重要因素之一。其實散播這個錯誤訊息的是獵人，他們想要用這種方式轉移人們的注意力，而不去關注真正的始作俑者。

每隻在狩獵配額內准許射殺的野豬，是獵人每年用貨車裝運一百三十公斤的玉米倒在森林裡養成的。由於過多的食物來源，也難怪野豬族群數目會爆炸性地增長，在豬寮裡，以這樣大量的卡路里餵養豬隻沒什麼關係，但在天然的森林裡，這樣的人工餵食會造成有較大果實的闊葉樹在許多地區幾乎都無法自然繁殖。

動物喜愛食用可口的果肉的特性，對樹木產生的影響跟上述完全不同。許多樹種反而故意將果實包裹在迷人的果皮裡，以吸引饕客前來食用。這裡有兩種完全不同的樹木播種策略，一個是已經超過百年考驗的傳統方法，即經由生物的排泄物傳播種子。白擦子是代表性的例子，在秋天時，它們的樹梢總是掛滿紅色的梅果，顯眼的紅色系自動吸引並邀請鳥類來享用大餐。幾小時後，白擦子的種子經過鳥類腸子跟著一小塊糞肥一起排出，種子不經意就被掉落在離母樹幾公里遠的植物被上。

另外一個傳播策略是另類的新式自然播種法：經人工長期種植的果樹就是最佳的例子。有些果樹因人工種植的結果非常令人滿意，人們自然傾向優先選擇把這些果樹種在自家花園裡或是大型果園裡。當然我們也可以用另一個角度來看：果樹在演化的過程中適應人類的行為，所以它們能夠比野生的原生種占優勢。這些果樹教我們怎麼幫助它，當其他樹種出現時，利用我們捍衛它的領土，這就是為什麼人擇後的果樹可以遍布全球各地到處進行勝利大遊行的主因。

第十二章 樹木間的訊息傳播

樹木受到小蠹蟲的侵害會感到疼痛，這時樹木的樹皮會分泌所謂的防禦物質以擺脫外敵。在這種情況下，它也會立刻用氣味通知並警告樹旁的其他同伴。

我雖在本書的前言提過，關於樹木能相互溝通聯絡的議題，但因目前這個主題對人類愈來愈重要，在這個章節裡將再次簡短的歸納說明。

你一定已經親身體驗過樹木放出「氣味訊號」（Duftsignale）與其他樹木通訊聯絡的特性，其中花香是最著名的通訊媒介，花香的用處主要是用來呼喚昆蟲們：「過來吧，這兒有可口香甜的花蜜！」比如果樹、椴樹、刺槐（Robinien），以及其他的樹種，都需要靠蟲媒才能帶著花粉完成授粉交配。

其他家喻戶曉的溝通訊號大多數與樹木防禦蟲害有關。樹木受到小蠹蟲的侵害會感到疼痛，這時樹木的樹皮會分泌所謂的防禦物質以擺脫外敵。在這種情況下，樹木不只想到自己，它也會立刻用氣味通知並警告樹旁的其他同伴。一收到訊號的同伴，

樹木用花香引誘昆蟲採蜜。

同樣的也會開始釋放並囤積化學防禦物質，以備當小蠹蟲展開進攻侵犯時，這些預先儲存抵制蟲害的物質可以馬上派上用場。

當然，只有在下風處站立的樹友同伴能收到氣味警訊。這個化學訊息就像霧氣一樣擴散在空氣中，而且當微風吹過便會隨風消散。不過對於處在逆風處的同伴，樹木間還是有辦法依靠地下根系的聯繫完成訊息傳播。樹木透過和同伴根系連結生長訊息，便能在不受干擾下順利傳達。

還不只如此，研究已證實，山毛櫸有著互相交織糾結的根系，就如同經幾十億細胞互相連結而形成的有機體生物「人類」一樣。科學家因此稱這種連結為「森林裡的超生物體」（Superorganismus），所有的山毛櫸都以一個整體來運作。

目前已被解碼的樹木訊息密碼，多數與抵禦樹木的侵略者有關。理由很簡單：因為樹木在被攻擊

的情況下所發生的原因與結果能清楚的被研究人員確認跟量測。研究人員能在實驗室裡複製模擬昆蟲攻擊樹木的情狀，但可惜的是，除了這些模擬個案外，其他的狀況就很難進行研究。

用人類的情況來說，就好像有一個外國人想要學習外語，他的做法就是先在母語者身上踩一腳，但是從疼痛的情況和尖叫的程度是無法學習一門語言的，目前科學界對於樹木語言的研究進展差不多就是這樣。我們真心期盼未來的研究能發展出更多樣的實驗方法，以解讀樹木們的「日常用語」。

第十三章 水分的收支與冬眠

冬天我們在森林裡散步時，就可以觀察到木材其實還是含有非常大量的水分。在會結霜的日子看看剛剛被砍下的樹木，從露出來的年輪上，用肉眼就能看出邊材、心材的壁壘分明。

在德國，不管針葉樹或闊葉樹，最晚都在每年的十一月就必須暫停生機活動，然後所有的樹木會落葉，當然指的是具有落葉能力的樹木，接著所有樹木準備進入冬眠。樹幹裡主要通道也將停止輸送水分，葉子也停止光合作用，等待下個春天來臨才開始再生長。

這時樹木為預防凍傷，會將木材及樹皮中含水量降至最低。至於樹幹最裡層的心材含水量已無法改變，因為這部分已經停止生機運作程序，這也是為什麼心材部分的溼度全年都維持在相當低的程度，而在生長期的樹木，主要負責水分運輸的邊材含水量卻是平常的四倍以上。樹木總含水量會隨著樹木年齡有所不同，因為隨著樹齡增加，心材的比例也會相對增加（審註：因為心材停工較乾燥，當心材比例增加，樹木

總體含水量便會跟著變動）。

成年的樹木平均在生長期含有五百至一千公升的水分。到了秋天，含水量會自動減半，只是在冬季時，邊材的含水量絕不會像心材那麼低。

冬天我們在森林裡散步時，就可以觀察到木材其實還是含有非常大量的水分。在會結霜的日子看看剛剛被砍下的樹木，從露出來的年輪上，用肉眼就能看出邊材、心材的壁壘分明，因為這兩種不同的木質部很明顯地看起來像是一圈冰環，實際上是結冰的水分將其隔開。

從這一點我們就可以得知木材要承受的張力有多大，因為雖然樹幹裡的含水量已經比平常降低許多，卻依舊還有兩百五十至五百公升的水分會結冰，使體積大增[1]。所以不用懷疑，在極端酷寒的夜晚發出樹幹裂開的巨大聲響，原因通常都是老樹幹被寒霜凍裂，這部位的樹幹因為在被包覆傷口時，纖維紋路生長不均勻，有些組織承受不了樹木受凍而增加的張力便裂開了，就跟人類的疤痕一樣。

到了早春時期，樹皮顯得特別敏感，潮溼的邊材加上含水量大增的樹皮韌皮部跟夾在兩者間的形成層貼得不是那麼緊。因此春天的樹皮特別容易受傷，幸運的話，樹皮傷口深度若小於五公分，樹木在當年度就有辦法癒合傷口。

冬天一到，樹木會進入冬眠，對修復樹皮的傷口無計可施。假如這時樹木受傷，傷口只能等到明年來春才被修護。此時因樹木裡的含水量減低，細胞組織的體積縮小，樹皮會比較硬又可以更緊密地貼在樹幹上，因此樹木在這個季節使不太會受到任何大面積的傷害。至於是什麼主要原因導致樹木降低樹幹的含水量，是為防止凍傷還是保護樹皮呢？還需等待未來進一步的研究發現！

譯註

① 水分子有特別的性質，溫度降低時會結晶成冰塊。水結冰後體積會增加是因為水分子整齊的排列增加了分子間的空間。

第十四章
樹木之間的權力鬥爭

山毛櫸的根系會鑽入其他樹木根部的任何小裂縫中，這些被入侵的樹根會漸漸地被截斷水分和養分，造成這些樹木的樹葉與小枝條長得更加稀疏寥落。

在我管轄的林區裡，有一區一百四十年歷史的橡樹林，在這林區裡的橡樹種苗都已茁壯成熟、長成大樹。這區的鎮公所把橡樹林地規劃成自然保育區，森林裡的林木將不再被砍伐利用。在沒有人為的干擾下，我觀察到這裡上演著有如慢鏡頭播放的一齣橡樹林的地盤正被山毛櫸掠奪的戲碼。

屬於陽性樹種（審註：陽性樹種生長在向光之處，結果良好，耐蔭性低，在樹蔭下日照條件惡劣之處則不能生育）的橡樹，總是大方的讓陽光透過樹枝間隙照射而下，使大橡樹之下年幼的山毛櫸在足夠的日光照射下，緩緩地、循序漸進地一公尺、一公尺地往上抽長。幾年後，山毛櫸的幼苗們漸進地伸長樹幹，成長茁壯，不知不覺中超過了什麼都不知情的橡樹樹冠，遮蔽了橡葉的光源。

山毛櫸是耐陰樹種（審註：指在光照條件好的地方生長好，但也能耐受適當的蔭蔽，或者在生育期間需要較輕度的遮陰植物。對光的需要介於陽性和陰性樹種之間），而且穿透它的樹葉到達地面的陽光只是樹梢的百分之三，這個數值真的會讓橡樹餓死，因為它的葉子工廠不能夠靠這麼一點陽光運作，一棵棵橡樹會慢慢餓死，也因此清出空間讓入侵者長驅直入。

研究人員曾觀察德國中區哈茲國家公園（Nationalpark Harz）的山毛櫸林，它們也會在根部進行占領地盤的權力鬥爭。山毛櫸的根系會鑽入其他樹木根部的任何小裂縫中，即使小小的洞穴也不放過。這些被入侵的樹根會漸漸地被截斷水分和養分，造成它們地上部的衰弱，所以這些樹木的樹葉與小枝條長得更加稀疏寥落，這正是山毛櫸枝條向四方延伸生長的大好時機。這種類似爭奪地盤的現象，在中歐大部分的林區相當常見，在自然的狀態下，中歐地區應該會是山毛櫸林的天下。

不過，你若因山毛櫸的橫行霸道而產生對其他樹種的憐憫同情，只是多此一舉，其實它們在其他的環境條件下也會像山毛櫸一樣，只不過在中歐地區，它們比較弱勢罷了。同樣的道理，山毛櫸若遇到乾枯多石的劣地，同樣也會被其他樹種步步逼迫，趕盡殺絕。

當樹木靠自身的生長無法擊敗對手，因為生長速度沒有對手快，就會透過根系釋

放大量的化學對抗物質，阻撓其他競爭樹種的生長。歐洲赤松（Waldkiefer）就是這種好鬥、具攻擊性的樹木，而核桃樹更具侵略性，更加無法容忍接受別的樹種。它們不僅從根系阻撓其他樹種的生長，其落葉與核桃殼還會散放出有毒的物質隔離、驅逐其他的樹木，造成它的樹下寸草不生，更別提其他樹種在它的樹下會有任何機會了。

你若想在自家花園裡種一棵核桃樹，最好特別為它另闢一個屬於自己可以占有使用的獨立園區。

第十五章 樹木的動物室友

有時鳥兒不僅僅只在樹木啄造一間屋子，而是好多間。有些屋子是蓋來就寢過夜，有些是用來孵育後代，而有些只是鳥兒想換換口味，體驗一下住在外地的滋味。

樹木有自己特殊的生態系統，這個系統能提供很多動物不同的生態區位❶，在外人看來依舊讓人一頭霧水。其中一種特別的生態區位是在樹叉間比較容易積水潮溼的地方。下雨時，樹木的樹幹分叉處通常會形成一小灘水坑存積水分，正好是蚊子產卵的好地點（沒有比這裡更好的地方）。會孵化成蚊子的孑孓（Larven）在積水區居住著，直到羽化成蚊，雖然躲在高高樹叉間的幼蟲受到的威脅較小，但在生態的演進過

譯註

① 生態區位是指一個物種所處的環境以及其本身生活習性的總稱。每個物種都有自己獨特的生態位，藉以跟其他物種做出區別。生態區位包括該物種覓食的地點，食物的種類和大小，還有其每日的和季節性的生物節律。

程中，有幾種甲蟲會專門獵殺住在樹幹分叉處的小孑孓為生。

另一個例子是對樹木沒有傷害的樹蛞蝓（Baumschnegel，俗稱無殼蝸牛），樹蛞蝓會逍遙自在的在樹皮的綠藻區慢爬遊移到樹冠的最高處。還有帶著美麗外殼、屬於大蝸牛科之一的灌叢蝸牛（Baumschnecke）在樹枝間閒逛，最多只會攻占一片小嫩葉用以安身。歐歌鶇鳥（Singdrosseln）是灌叢蝸牛的天敵，牠們把獵抓的蝸牛全部送到同一個石頭處，將蝸牛丟落打碎外殼後再食用。無以數計的蝸牛殼堆集在石頭旁，被專家稱作「鶇鳥的鍛工廠」（Drosselschmiede）❷，我們在林中散步時若多多注意，就會看到這些鳥禽強盜們曾經出沒過的痕跡。

許多樹木室友是衝著樹幹裡的養分而來，葡萄糖與澱粉等養分在樹皮韌皮層不分晝夜的從葉子往下輸送至根部。有什麼比直接抽取這個養分更方便的呢？蚜蟲是在半途偷取樹汁的專家，蚜蟲總科的不同種蚜蟲會用口針鑽入葉內，偷吸剛完成光合作用所產出的新鮮葉汁。葉汁裡的營養含量非常充足，多到蚜蟲無法全部消化利用，所以蚜蟲排出的尿液都殘留著糖分，蜜蜂便會把牠們的排泄物帶回蜂巢釀造，產出珍貴的森林樹蜜。

為了讓口針容易插入，蚜蟲會在新葉剛萌芽、還很幼嫩時吸取葉汁，這會導致被蚜蟲感染的葉子生長畸形捲曲，因為當新葉一邊攤平葉苞、一邊修復被蚜蟲吸取汁液的部分，葉面的表面張力會不均勻。若蚜蟲感染情況嚴重，有些樹苗的生長甚至會因此受阻。

更強壯的種類如吹綿介殼蟲（Wollschildlaus）還能鑽入堅硬的樹皮，直接懸掛在樹幹上吸收養分。牠們身上白色的蠟質細毛看起來非常顯眼，好似樹皮的裂紋裡長了白色的霉菌。

其實直接鑽吸樹皮的介殼蟲的破壞力比刺穿鑽入樹葉的芽蟲更危險兇猛，到了明年來春，因為秋天落葉，蚜蟲和樹木間的戰爭便重新洗牌，但樹皮被刺穿的結果是要面對真菌感染的風險。樹木為對付這些破壞樹皮的搗蛋鬼，會在被侵害染病的部位長出更粗糙的樹皮抵抗。若樹皮上的介殼蟲久留不去，就會在樹皮上形成溼答答的傷痕，最後樹木終將病倒。（參閱第二十章「生病的樹木」）

譯註

② 鶇鳥類及其他啼鳥類因無法用鳥嘴打碎蝸牛殼，為了吞下整隻蝸牛，會將獵獲的有殼蝸牛集中在一個適當的石頭上，打碎蝸殼以食用殼內可食的部分。由於牠們都是將殼送到同一個石頭上，就像打鐵「鍛錘」蝸牛殼一樣，石頭邊慢慢的將集滿一堆壞去的空殼，讓人很容易辨識出是鶇鳥的傑作。

可怕的惡魔

基本上，只要保持健康，樹木都能夠抵擋寄生蟲的病害，但是樹木若因疾病、空氣汙染或乾旱，導致免疫力減弱，就很容易染上寄生蟲。林木遭受大群小蠹蟲的感染就是最好的例子，我們從雲杉最能看出小蠹蟲感染的影響。

每種樹木都有自己的寄生客戶，如雲杉八齒小蠹蟲（Buchdrucker）與中穴星坑小蠹蟲（Kupferstecher）專愛拜訪雲杉。牠們的名字源於蠹蟲在樹皮裡形成的「蠹紋圖騰」。當蠹蟲從蛹蛻變成蟲，會利用嗅覺尋找已生病的雲杉，展開建立蠹蟲新家園的旅程。

有時蠹蟲雖沒有相當厲害的嗅覺能判斷樹木是否已感染生病，但至少一定能聞到流著樹脂芬香的樹幹，因為受傷的樹木沒辦法抵抗外來的入侵。然而對那些只知往前衝飛的小蠹蟲飛行員而言，牠還要冒的風險仍然很高：假若蠹蟲們認為找到適合的樹木落腳，即刻鑽鑿穿入樹皮，卻萬萬沒想到雲杉竟還沒有虛弱到無法抵抗，反而立刻用樹脂滴入蠹蟲鑽好的小洞反抗，小蠹蟲便會被樹脂緊緊黏著直到喪命。

反過來，如果蠹蟲小機長猜對了，降落在已經毫無氣力抵抗外患的雲杉上，小蠹蟲便安心且不被阻撓的鑽鑿穿透樹皮。牠不貪心也不願占地為己有，會隨即分享這次命中的居留好地點，以噴出代表勝利叫喊雲煙狀的蠹蟲香氣，呼朋引伴，請大夥兒都來此安全地點駐站居留。幾百隻聞「氣」飛來的小蠹蟲降落在這棵病弱的雲杉上，大舉鑽入樹皮吸取樹木營養，造築所謂的蠹蟲「交配室」（Rammelkammer）❸，讓小蠹蟲成蟲於此交配並孵育後代。幼蟲們靠飽食韌皮部裡新鮮可口的養料結成蛹繭，再經六個星期後羽化成蟲，孕育出下一代的幼蟲來到新世界。最後，被小蠹蟲侵入染病的樹皮部會被啃食殆盡，而可憐的雲杉只有死路一條。

讓人聞之變色的小蠹蟲大量快速繁殖的情形只會發生在整片森林都不健康的地區，在我們這個緯度的雲杉林一直都是處在不健康的情況下：這些雲杉是來自冬長夏短的西伯利亞針葉林帶的原生種，那裡的植物生長期又冷又溼。而在我們這裡，夏天相對的又乾又熱，雲杉體內的水分調節不當、常鬧乾旱，自然很容易受到雲杉八齒小蠹蟲的感染。

譯註

③ 指的是各種樹皮甲蟲的交配、產卵與孵化區。房室由公蟲負責建造，開出多條的廊道，走道的底處設有一個空間。每個廊間的用途除與母蟲交配，並用於產卵及孵化幼蟲。每條室道稱為母廊道（Muttergang），最長有三十公分，供一隻母蟲產下約二十至八十個卵。整個交配室在樹皮裡形成特定的圖騰，容易辨識。

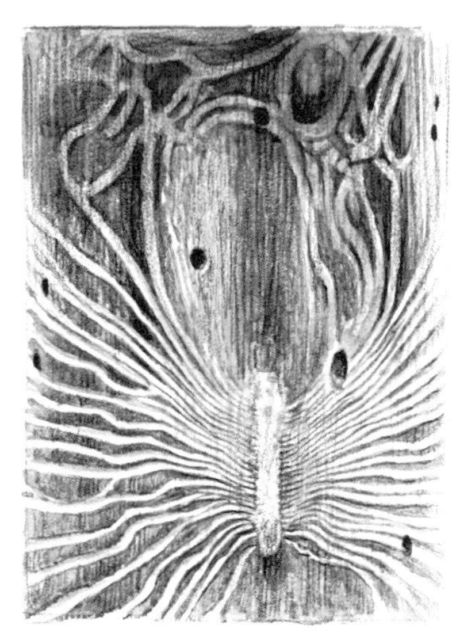

雲杉八齒小蠹蟲
專門侵害病弱的雲杉。

每一種樹種都有屬於「自家」的樹皮小蠹蟲，牠們共同的特性都是能感染病弱但還活著的樹木（或是剛被砍伐的新鮮樹幹），而沒辦法感染死去的樹木。從這一點就可以說明，啃食枯木的昆蟲對活著的樹木完全不會造成任何威脅，因為居住在枯木裡的昆蟲跟感染生病樹木的昆蟲品種完全不同。

黑條木小蠹蟲（Nutzholzbohrer）卻是小蠹蟲科中的例外，牠們喜好在病入膏肓樹木的多汁潮溼的邊材區產卵，並在此區培養真菌生長，之後讓幼蟲靠著這些真菌維生，幾周後，幼蟲就會羽變為成蟲，飛進樹林。

還有許多甲蟲，像天牛（Bockkäfer）與吉丁蟲科（Prachtkäfer），是居住在腐朽木裡，腐朽木是指——一小段漸漸壞死的樹幹木頭，這也就是為何牠們的羽化期只有短短幾周的光陰。

相反地，住在腐朽木葉堆裡的歐洲深山鍬形蟲（Hirschkäfer）和隱士甲蟲

（Eremiten），好像擁有全世界的所有時間可以慢慢啃食木頭，但若是選擇住在生病但還活著的樹木裡，環境條件卻會瞬息萬變，溼度會突然降低，真菌入侵，更壞的情況是，樹木乾燥後樹皮會裂開，這樣一來，年幼的天牛就必須離開自己生活長大的地方另尋他樹。

樹木國民住宅

同樣是在樹幹打洞，啄木鳥敲打的尺度大小與小蠹蟲截然不同。普遍都認為啄木鳥專找生病的樹木造屋，其實不盡然。只是稍受病害、較粗壯、才剛壞死的樹幹，才是啄木鳥比較容易下手得逞的地點。有時一些健康的樹木也會被披著多彩羽毛的鳥兒盯上，一點也不稀奇，有時鳥兒不僅僅只啄造一間，而是好多間屋子。有些屋子是蓋來適宜就寢過夜，有些是用來孵育後代，而有些只是鳥兒想換換味口，體驗一下住在外地的滋味。

這些如分租房客的啄木鳥給樹木帶來重重的問題。從牠們敲開的開口，空氣可以進入到樹木脆弱的內部，這裡指的是樹木內部已停工的年輪。通風的心材會帶給樹木很大的風險，因為這樣一來，心材對任何一種真菌的侵犯絲毫沒有抵抗的能力。所以啄木鳥一旦開始入侵造屋，樹幹就開始腐朽，真菌往上往下迅速蔓延，樹幹腐朽的情況會愈來愈糟，最後經過幾年後，整個樹幹變成一個空心的大洞，連啄木鳥也覺得沒辦法再住下去而決定搬家。

追隨啄木鳥之後續租的樹木房客大多是喜歡住在粗大樹幹中，但是卻沒辦法自己在樹幹裡建一個大洞的蝙蝠（Fledermäuse）、貓頭鷹（Eule），以及歐鴿（Hohltauben）等動物。樹木中心雖空洞如火爐煙囪管，但還能堅強佇立，還好最外層仍活力充沛的新生年輪，仍有足夠的支撐力使樹幹不被強風吹倒。

若是你家花園有一棵空心的樹木，不需要砍倒它，而是最好保留這種不會對任何人造成傷害的樹木。因為在空洞的樹幹中，會自成特殊的生態系統，長出稀有真菌並成為各種昆蟲的住所。就如隱士甲蟲最愛居留在樹木內部已經腐爛的闊葉樹幹裡，身長大約一至四公分，身體顏色是深黑的咖啡色，狀如放大好多倍的糞金龜（Mistkäfer）。

隱士甲蟲對居所向來忠實，換句話說，牠們其實是懶得遷移他處，通常一次就選定可留一輩子的樹洞居所，永不搬遷。不僅如此，後代們也不願搬離，在同一樹洞裡一代又一代傳延，有時候同一個樹洞裡住著超過百年傳延的隱士甲蟲家族。

因為隱士甲蟲很不太愛飛行出遠門，若是飛出門也只飛幾百公尺遠，人類清除腐朽老樹的行為對於牠來說是一個大災難。依照現今德國針對交通意外安全考量的種植法規，若因樹木傾倒造成的損壞，擁有樹木的主人要負連帶的法律責任，使得多數適合隱士甲蟲居留的樹種都被砍伐殆盡。即使有一些適合落居已寥寥無幾的樹木，也在離原本有隱士甲蟲出沒處好幾公里遠，這對懶於飛行的隱士甲蟲來說，根本到不了。這也說明了為何遲緩拖拉的隱士甲蟲已被歸為瀕臨絕種昆蟲的原因。

隱士甲蟲嗜居於樹洞裡。

寫真：松樹

在德國，最常見的松樹——歐洲赤松（Waldkiefer，*Pinus sylvestris*）——跟雲杉都來自同一個地方：在遙遠的北方，具有溼冷氣候的西伯利亞北方針葉林。它們來到我們這裡卻能夠大量繁衍的原因與德國北部及東部大量栽種歐洲赤松人工林有關聯（根據德國聯邦森林盤點的數據，歐洲赤松是僅次於雲杉最常見的木種之一）。

跟雲杉一樣，歐洲赤松也非常不適應中歐的氣候，秋冬的溫帶氣旋和相對乾燥的夏天常常摧毀整個林區。不過歐洲赤松卻適合種在我們的花園；比起生長在狹窄人工種植區，它在花園有寬闊的生長空間，赤松能自由自在的往上抽長到令人讚嘆的五十公尺高，而且最多可活存五百年，是能夠傳承人類好幾世代的樹種。

歐洲赤松的根系穩定，在地下的生長幅員是樹冠的兩倍大，使風暴完全沒有機會將種在花園的歐洲赤松擊倒，在最嚴重的狀況下也只是樹冠折斷，但樹幹仍舊維持直立，不會傾倒。與雲杉及落葉松一樣，赤松唯一的缺點是源流不絕、滴滴答答的松脂。千萬別把花園座椅放在赤松下面，椅面上很快會被沾滿松脂，一點都不會吸引人們入座，稍作休憩。但是，當歐洲赤松在炎夏放出大量黏稠的樹脂，其芳香的氣味不禁讓人喚起那趟令人難忘又迷人的南歐之旅，不禁回憶起義大利石松的倩影（義大利傘松，Pinien），同時也使得歐洲赤松成為許多花園園主心儀栽種的樹種。

第十六章
樹木的植物分租客

到底藤本植物會不會對樹木本身造成傷害，答案是會！因為爬到樹冠高度的藤本植物張開其高效能葉子的同時，也搶走了樹木宿主的光照能源。

為什麼樹木可以如此的長壽又巨大呢？我們只能用「超級巨無霸」來形容這種有巨大身軀的植物，但它其實有許多缺點。樹木的世代交替有著非常顯著又長久的差距，它們靠基因交換重組來適應環境變化的能力非常緩慢，這個問題我們在前面的章節已提過。

在陸地生態系統中，光線是最重要的競爭要素，只要有光，生物就擁有權勢。因光源由上而下，每棵植物若長得高人一等，就像已經拿到一手好牌，贏面極大。為了得到光照，樹木一場場拚盡全力攻占樹冠最上層的競賽會一再上演，難怪樹木這種植物只會愈長愈高。北美洲的花旗松是樹種中目前的紀錄保持者：最高有一百三十公尺，就連高壯的巨型紅杉都落在其後。

許多原生的樹種最高雖只長到五十公尺，但要長這麼高是花功夫的。畢竟，要從平地蓋起一座「植物界的摩天大樓」，必須用掉非常大量的生物量，除此之外還需要時間，有時甚至要好幾個世紀，而且能夠擠入樹木中「金字塔頂層」的機會非常渺茫：每個樹木的小小種子一生都有機會長成一棵大樹，但其中的機率只有好幾百萬分之一。假如某顆種子中了「樂透」，那麼這顆種子在長成大樹後會想盡辦法留在「政治的舞台上」，並辛勤地繁殖後代。

至於其他不像樹木一樣可以長這麼高，例如灌木和草本植物的情況又是如何呢？它們必須想出別的生存策略，才不會在巨木下的昏暗環境中，永遠居於劣勢。

於是很多藤本類植物把樹木當做攀爬的設備。常春藤（Efeu）與鐵線蓮（Waldrebe）是這方面的高手，用藤莖輕鬆的攀附樹幹，往上蔓延到樹冠頂層吸收光能。為了靠葉子吸收充分的陽光，一棵常春藤植物會生成不同的葉子型態，當它們處在大樹的晦暗陰影下，並正在往上蔓延的階段，常春藤葉子會有典型的三裂。等到藤蔓繞至樹冠高處，葉子會轉變成轉化陽光效能超高的「太陽能面板」，整個葉子的顏色會變得比較淺，呈現全緣不會有典型三裂的情形。

所以大家心中的疑問終於有了答案，到底藤本類植物會不會對樹木造成傷害，答案是會！因為爬到樹冠高度的藤本類植物張開其高效能葉子的同時，也搶走了樹木宿

常春藤與鐵線蓮利用樹木作為攀爬的設備。

主的光照能源，這樣一來，宿主就會更虛弱，常春藤也更斗膽地繼續攻占樹木樹冠區的領土。

你家花園的樹上正有一棵藤本類植物往上爬嗎？基本上只要藤本類植物還在樹冠下方，像樹木的分租客一樣時，通常對樹木沒有任何的威脅。但是當藤本類植物持續不停的往上生長，你若是想要一棵健康的樹，最好切斷在樹幹下方處的藤莖。若是藤莖變得粗壯有力，也應該立刻切斷，因為粗大的藤莖會掐住正往外圈生長增粗的樹幹及內部養料輸送管道，危及樹根與樹冠的養分供給。

槲寄生（Mistel）是另一種完全不同型態的樹木分租客。對戀人來說，槲寄生等於美麗的傳說——在它樹枝下交換一個浪漫的吻就可以終身廝守——對樹木來說，槲寄生就沒有這麼美好並受歡迎。若長春藤或鐵線蓮等樹木分租客對樹木來說，像是粗暴的擁抱，那槲寄生對樹木來說，就是十足十的強盜。槲寄生長在樹冠處是靠著鳥類的幫忙，鳥類吃下它白色的果實後，果實會隨著鳥類的排泄物或者隨著鳥類的啄食而落在樹枝上。在這裡長出的槲寄生靠著吸盤牢牢地附著在樹皮上等待著，因為它沒辦法生根長入樹枝裡（其實它也不需要這麼做）。當樹木漸漸變粗時，新的年輪也環繞著樹枝生長，這時槲寄生的吸盤等於是樹枝上的障礙物，隨著時間過去，樹木會把吸盤包覆起來並長出新的木質部。從此刻開始，槲寄生就加入了吸收木質部所傳送不間斷的水分和無機營養（Nährsalzen）❶的行列。

樹上只有一棵槲寄生好像對樹木不會造成什麼影響，然而事實卻不是如此：樹木與槲寄生彼此互不相讓，會造成樹木上層水分供給的減少。不僅如此，這個小小的寄生植物還搶奪了光源，使樹木苦上加苦並更加衰弱。

槲寄生算是半寄生植物，它們是靠自身的葉子行光合作用製造養分，「只有」水分的供應必須倚靠樹木。若遭受槲寄生植物嚴重的侵害，樹木有可能因過度損傷而喪命。另外，在樹木上因為木質部增長包覆槲寄生吸盤的部位，年輪無法均勻生長，容易造成樹枝斷裂。

槲寄生喜歡生長在氣候溫暖的區域，尤其是河谷區（審註：因為德國河谷區地形下陷，在此生長的大樹受到地形保護，防風保暖，對寄生在樹冠上的槲寄生來說，這個地點光線充足又受到保護，再好不過了）。目前因氣候變遷漸趨暖化的影響，更加

譯註

①高等綠色植物為了維持生長和代謝的需要所吸收或利用的無機營養元素（通常不包括C，H，O）。

助長槲寄生的分布擴散。

當你切除槲寄生的寄生株時，是間接的為真菌打開進入木質部的入口，因此比較睿智的做法是「收割」槲寄生，我們可以把生長在較細樹枝上的槲寄生連同樹枝一起鋸斷。這樣一來，樹木便可以擺脫這個寄生蟲，也有時間能夠從容地修復傷口並包覆殘枝。

寫真：歐洲山毛櫸

歐洲山毛櫸（*Fagus silvatica*）是中歐典型的森林樹種，有著銀灰色光滑的樹皮，壽限很長，能活到兩百歲，相較其他樹種，歐洲山毛櫸確實很容易辨識。歐洲山毛櫸的落葉層堆（Laubstreu）易於土壤微生物（Bodenorganismen）的分解消化，所以這些在最高可以長到五十公尺的歐洲山毛櫸腳下的「小不點」就像有魔法一樣，讓樹木永遠有肥沃的腐植質可以使用。原本是貧瘠荒蕪的土地，在歐洲山毛櫸落地生根後，也會漸漸地變得滋潤異常，讓其他樹種也可以在此處發育成長，因此歐洲山毛櫸享有「森林之母」的美譽。

歐洲山毛櫸林在大概演替五百年後，會達到林相平衡穩定的狀態，從此刻起，森林裡幾乎不會有任何的改變。除了有時會有某棵櫸樹老死歸天，騰出空位給下一世代，不然在森林不會發生任何特別的事情。若不是人類濫伐，阻撓了它的擴展領地，歐洲山毛櫸早已慢慢往北拓土，一直北征占領整個瑞典南部。櫸樹具有排擠驅逐其他樹種的能力，因為它耐蔭力特強，可以在競爭者的陰影下筆直向上生長，長到碰到穿過對手的樹冠，等它長得比對手高後就張開濃密的樹葉擋住日光，好似直接關掉對手樹木需要的燈源一樣。

不論是青壯櫸樹或是老櫸樹，它們的根系生長有如專業的連繫網路，盤交糾纏，根深柢結，提供櫸樹間傳遞訊息與交換養料的服務。因此研究人員稱山毛櫸林是一種「超級有機體」，同時，它們也是愛家的樹種，宜居宜家，屬「晚熟型」的樹種，幼苗需要櫸樹母樹的呵護才能長大。

第十七章 樹木的年紀

不同世代樹木活著的時間，有時會重疊好幾世紀，這一系列不間斷的年輪變化，使我們可以回溯好幾世紀前的環境氣候。

猜測樹木的年紀很簡單，就在它被砍掉的當下，在砍下的根株上數一數年輪，馬上就可知道這棵樹木的年紀。樹木的年輪是因為季節的變換所生成，早春時，樹幹裡長出鮮嫩的木材，特徵是形狀大又壁薄的細胞組織，而且細胞的顏色特別淺。到了晚夏，細胞壁愈變愈厚，細胞也比較小，這時的木材質量密實，年輪顏色深暗；這個暗色的部分就是一圈年輪。

樹木的歷史也藏存在年輪裡：從年輪能看出氣候的乾旱時期（年輪痕跡特別細瘦），或在特別涼爽、多雨的年份（年輪間隔較寬），或是當樹木遭遇蟲害與病害（年輪呈連續幾條細窄的紋路）。同一地區，不同樹種的年輪情況相似，因為上述現象發生時，會影響整個區域的樹木。不同世代樹木活著的時間，有時會重疊好幾世

每年早春時針葉樹
都往上長出新的輪生側枝。

紀，這一系列不間斷的年輪變化，使我們可以回溯好幾世紀前的環境氣候。科學家使用所謂的「年輪資料庫」，便可將一塊木材的來歷地域和生長時代歸納出來。我們把研究這門專業的學問稱為「樹木年輪學」（Dendrochronologie）。

然而我們無法藉由這種方法來估計種在花園或是森林中人們所喜愛的樹木年齡，計算年輪這個方法只適合被砍伐或是死去的樹木。不過，我們仍舊還有其他的應用方法估算樹齡。

針葉樹不會假意隱瞞自己的年齡，至少在五十歲前，它們都是大大方方的顯示出年紀。在每年早春，針葉樹往上長出新芽，同時在萌芽處輪生長出幾枝如星狀的側枝❶，整個樹梢看起來就像一根「攪拌棒」（過去廚房用攪拌棒就是利用針葉樹的主幹連著輪生側枝刻削而成）。針葉樹每年都會往上長出這樣一層如同攪拌棒狀的輪生側枝，我們只要將下面舊的樹枝層級數加上新生的樹層，就能估算出針葉樹較確切的樹齡。

但是，當針葉樹樹齡超過五十年之後，因樹幹下方愈來愈多掉落的枝條，加上樹木包覆殘枝，生長於樹幹下方的輪狀側枝（Astquirle）❷會隨著年齡的增長愈來愈模糊。我用以下的說明協助你估計老針葉樹的年齡：從老樹樹梢最上端開始算起，數至輪生側枝已不易辨識為止。然後估計一下這段距離占樹幹的比例有多少。假設這段距離大約是樹幹總長度的一半，那就得將這段樹幹長度上面聚枝層級數的總數乘以二，就是樹木的大約年齡。

不過上述方法只適用於長在自家花園及公園區裡，終生都有充沛光源的針葉樹。我們在第三章「自由生長的樹木」裡已提過，幼苗必須在老樹的蔽蔭下等待好幾十年，才有發芽生長的機會，在這段期間，小樹們的生長故事微不足道，假若用前述的估計方法計算森林中的樹木，常會嚴重低估樹木的年齡。再者因為中歐地區大多數的森林屬人工林（同時林木多被種在剷為平地、沒有父母樹教養的空地上），樹木大都缺少幼苗等待的蟄伏時期，所以由上而下數的估算方法只適用約百分之五的原生針葉樹林。

我們若問闊葉樹的年紀，闊葉樹則會假裝害羞，回答模糊不清。它的側枝生長不像針葉樹輪生側枝這麼有系統，想知道闊葉樹的大概樹齡，需要經過一番徹底並一絲山毛櫸枝條上的記號可清楚看出兩個生長期的過渡階段。

不苟的審查，才能從中多少看出端倪，得知樹木的壽命有多長。所以我們要仔細的觀察闊葉樹的樹枝：闊葉樹的樹枝就像針葉樹一般，每年都會增長，如年輪一樣，我們也可以從樹枝上看出在其兩個生長期之間的交接過渡階段。許多不同樹種的生長方向每年會稍微改變一點點，造成樹枝輕微的彎曲。可惜這點也不是百分之百的適用，因為有些樹木的樹枝還是會直直地生長，角度不會有任何變化。另一方面，有些樹種是在生長期的過渡階段在樹枝上長出一個小輪圈，或是像山毛櫸甚至在不同生長期的交接處長出好幾個環圈，看起來好像樹枝樹皮長了皺紋。

若想猜測闊葉樹的年齡，就不能跟前述的針葉樹算法一樣，從樹梢往下數。計算闊葉樹的樹齡，應從樹冠最底下正在生長、還能看出來最年輕的樹枝開始往上數，也就

譯註

① 星狀小枝會帶著葉子慢慢往旁並且向四方鋪張，看似一層層的綠樓層。

② 枝條前端長出的輪狀聚集的分枝，如不同支架長短倒著打開的傘架。

是往上面樹冠的方向，倒數樹枝的層數，直到樹冠最上端還能辨別的剩餘樹枝為止。我們可以從最後一層清楚的樹枝層到樹梢合理的長度稍微估算一下，剩餘的部分到底還有幾層，更不要忘記加上樹梢到最後一層清楚的樹枝層之間的樹幹長度（審註：因為要以樹幹的長度判讀有樹枝處的樹幹，占全部樹幹長度的比例）。

樹木漸漸衰老，便會長出我們俗語說的苔蘚。苔蘚從樹幹下根株處開始長出，隨著時間流逝，緩慢持續的往樹上擴散。因為樹皮上經年累月產生愈來愈深的溝痕，使流經的雨水易於滯留，這些雨水也是苔蘚生存的基礎。樹木對苔蘚來說，只是一個附著處，這個附著處也可以是一顆讓這個「綠色的軟墊」可以附著生長的石頭，而苔蘚生存的營養主要來自帶著洗刷空氣中懸浮顆粒後降下的雨水。

樹幹底處的根株是樹幹最粗的部分，這裡的樹皮溝紋也最深。隨著年齡增加和樹圍變粗，有皺紋的部分會漸漸往上延伸，連苔蘚也會一起向上生長。對橡樹或樺樹這些粗紋樹皮的樹種來說，當苔蘚到達從地上算起樹幹的一公尺高度時，這些樹木便大約已有七十歲的樹齡。如果苔蘚長在如山毛櫸這種光滑樹皮樹種上，在樹幹一公尺高處有苔蘚，表示樹木已經有兩百歲了。不過，這只是大略的估計值，情況會因「樹木」而異，就跟人一模一樣，因每個人長皺紋的年紀有早有晚。

當你下回閒暇散步於林中時，請注意一下苔蘚長在樹幹的哪個高度位置。苔蘚若長在樹幹高處時（樹幹上離土表兩公尺高或更高處），除了顯示這棵樹木的高壽外，也表示這棵樹木在此林區的生態價值一定特別珍貴。

神木

人類的生長期結束在青春期之後，進入二十歲，身高就不可能再多長一公分。反之，因為脊椎間盤（Bandscheibe）受到身體體重的負載，將逐年推進擠壓，到了中年，身高會稍微的走下坡。

樹木不會停下來休息，一生都會持續地往上生長，只不過增長速度趨向是漸緩下降。當樹木過了奔放瘋狂、急速生長的青少年發育階段，達到應有的樹身高度時（依樹種而異），就開始建造生長雄偉壯麗的樹冠。

之後，樹木往上長高的速度將逐步減緩。前十年的樹木生長依樹種不同，每年長高五十公分，爾後，當樹木年長時，每年只能向著天際長高十公分，或是更短，少於十公分。往上長並短小的新枝椏很容易遇強風大雨就受損，隔年樹木就只能長出旁枝，如此一來，導致樹木高度的增長滯礙不進。

我們能遠遠地從針葉樹樹端的樹冠形狀，清楚觀察到樹木增長滯礙的特殊現象。

原來往樹木上端伸向樹尖方向樹枝形成的高齡冷杉的樹冠，因樹枝愈來愈往樹頭平伸而使樹冠外形愈來愈扁平。

樹枝不是整簇（像倒三角錐）的往樹頭尖端方向生長，而是愈來愈向水平發展。觀察高齡冷杉的樹端最明顯，它那特殊的樹頭外形還被稱做「白鸛鳥巢狀樹冠」（Storchennestkrone，審註：德國這種鳥類所築的巢就是平平的）。

與樹木向上生長常常受阻相反的是，樹幹可以不受阻礙的變粗。像人類長肥肉圈般，樹木的年輪一圈接一圈的增廣樹圍。當樹木高壽時，更顯示出其比例過大的木質部與生物質量，因為跟青年時期比較起來，它的直徑明顯的增加了許多。

不只是樹幹一直增粗，樹枝也是：當樹木還在猶豫要不要開始增長擴充樹冠的同時，樹幹的生物質量卻一直持續增加，直到有一天樹木筋疲力盡。這時，樹葉無法供應足夠的糖分，樹根也沒有足夠的水分跟礦物質抽送到樹上，巨大的身軀需要的營養對樹木來說，再也不堪負荷。

樹木活力衰退的情形可以從它的針葉或樹葉減少看得出來，再加上很多樹冠上層的細小樹枝會漸漸枯死，然後被下一次的溫帶氣旋吹落。這樣的情況會不斷循環，一再上演，樹木只會愈漸萎縮，有如雪上加霜，更加虛弱。

真菌與昆蟲們早已躍躍欲試，等待樹木有氣無力的時刻到來，牠們便可趁虛而入，侵入樹木其中一段可能是特別容易生病的部分，或是樹幹未痊癒的舊傷處。這時樹木對抗外侮的反應變得更小心謹慎，常常看起來好像樹木只拿出一半的氣力抵抗，把大部分的能量留給其他還健康的部位。被冷落放棄的部分多數是樹幹身軀面向北方的地方，這邊的環境因日照較少，保溼力較強，樹幹不易乾枯，使真菌的存活機率也比較高。

此時帶著子實體的真菌宣告勝利，真菌如勝利隊伍般入住樹幹裡。有些真菌在秋天以一叢叢出現，或是有些整年都黏附在木材上，狀如半個盤子懸托在樹幹上。樹木通常能夠湊合地靠著剩下還算健康的另一半存活幾十年的光陰，不過完全康復的希望只會變得愈來愈渺茫，而且慢慢地變得更虛弱。

在樹幹裡，到處生長蔓延的真菌絲使木材腐朽，進而動搖樹幹的平衡穩定力，造成樹木搖搖欲墜。當下一次的溫帶氣旋來襲，正好攻擊樹木被腐壞的地方，不是樹冠部分折損，就是可能剛好讓整棵樹木都被大風吹斷而死。

但樹木們不會因為真菌的破壞就輕易放棄抵抗。我知道一棵蒼老巨大的山毛櫸在二十五年前被一場颶風侵襲後，因樹高十公尺處的樹冠斷裂掉落，真菌大舉入侵，將五十公分粗大的樹幹腐朽到樹皮只剩下五公分寬的地方連接根部到僅剩三根還活著的枝幹。就算碰到特別乾燥的夏日，這棵山毛櫸也絕不向惡劣的氣候低頭、退縮。而就在此刻，我正在書寫本文這行文字時，這棵巨木仍然存活著。

但若是有一天，這個巨大的生命逝去，它的殘幹身軀也會變成好幾千種微生物的家園，它會真正地成為生物多樣性（Biodiversität）的母船。母船上經由這些新房客生成的腐質植，會是下一世代樹木的養分供應來源。此外，一大部分固定在木材裡的碳將留在土裡，直接減低空氣中溫室氣體（Treibhausgase）的含量。

還有另一個觸動人心的情況：當結為「連理枝樹木」（Baumpaare）的另一半離開人間，在世的樹木會繼續關照已死去但可能還有一些生命跡象的根株，活著的樹木用它細嫩的根帶傳送糖分與養料，讓伴侶的根株還能繼續存活兩百年之久！當下次在古老的闊葉林區漫步時，你要更加仔細的環顧窺視一番：或許一塊被人認為是已長滿苔蘚的石塊，有時候卻曾經是一棵巨大樹木的根株。樹木根株長期無止境的絕望等待，有時會發生罕見珍貴的小小奇蹟，小塊根株在伴侶堅貞忠誠的養料供養下，竟然從根株潛伏芽裡萌出新芽，原來的樹幹根株能再次長成大樹，嚴格來說，這種現象就是原本的老樹又再度蓬勃展開新興旺盛的再生新生命。

最長壽的樹木

樹木能活到的壽命上限，不僅與樹木種類不同有關，也取決於它們被種植的形式。就像被監禁飼養的動物，因有動物醫護人員的照護，以及始終有優質飼料供養的良好條件，存活年限比野生放養的動物長久。不過，對樹木而言，情況恰好相反。樹木若缺少父母樹的照護，土壤的結構質地不適合森林生長，會造成樹木壽限的急速縮短。雖然如此，森林裡的樹種還是能安居在花園裡好幾百年。

陽性樹種屬早熟型樹種，例如柳樹或樺樹放棄選擇母樹與森林，天生個性獨立自主，能自力更生，不論在花園及公園都安然自在。所以，不管生長在我們屋後的花園

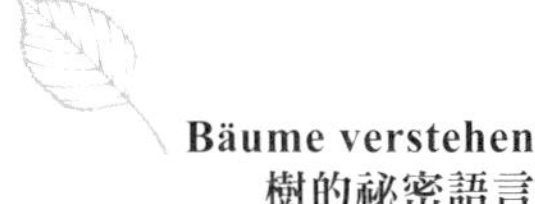

在炎夏豔陽的西曬下，年高福壽的美國洛磯山刺果松，每年只有生長幾厘米。

裡或是長在天然林區，對它們來說都無所謂，沒有任何差別。只是柳樹、樺樹們並不長壽，壽限在一百歲到一百五十歲之間。而生在大片的原生林內的樹種，相對的與陽性樹種迥然不同，它們緩慢的生命步調，讓它們的壽命上限都在五百年左右。旅遊簡冊中經常被拿出來當作旅遊景點的千年神木，大多數約只有如記載中一半的歲數。但是，有哪個門外漢能確切的考察核對老樹樹齡呢？

若想看真正的老樹，一定要出門去旅行。前不久北美地區有幾棵洛磯山刺果松（Grannenkiefern）被列為世界上最老的樹木。老樹靠著北美西南地區的艷陽，每年只能長高幾厘米，卻以五千年的最高壽限列存《金氏世界紀錄大全》（*Guinness Buch der Rekorde*）。如今，老洛磯山刺果松在紀錄大全裡的最高年限紀錄保持被一棵雲杉取代。這棵雲杉生長在瑞典中部的達拉納省（Dalarna），因處於惡劣艱困的環境讓它發育成長不良，所以長久以來讓人漠視了它的存在。直到研究人員從它根部的木質部採樣檢驗後，結果讓人超乎意料、難以置信，科學家驚歎之餘，證實這棵「小樹」已經九千五百五十年。可以說這棵老雲杉一定在地球最後一次的冰河時期就已萌芽並開始生長。據估算，瑞典中區附近還有二十幾棵樹木超過八千年的壽命。

第十八章 死去的樹木

樹木生長的尺寸超越某一個大小後，樹幹內部將開始腐爛，這個腐朽的速度會愈來愈快，直到超過外部產生新生組織的速度。從此刻起，樹葉凋落、樹枝萎縮，樹木的生命盛宴進入尾聲。

人的生命皆有終結，樹木也難倖免。對於能夠到達高壽的許多樹種來說，高壽並不是只有好處沒有壞處。

我們都還記得前面曾提到的情形：任何一種生物活得愈久，世代之間的差異就愈大，適應新環境條件的能力就變得愈遲緩。父母世代的讓位退出，原因不僅止於老去損耗，而是事先注定的退位，才能讓後代子孫有機會繼續繁衍。

對人類來說，位在染色體（Chromosomen）末端的端粒（Telomere）就是用來決定人類壽命長短：當細胞每分裂一次，端粒就失去一小段，直到端粒消耗殆盡為止。接下來的分裂再也無法不受干擾，有機體不能再自行修護，細胞將凋零死亡。

死亡就是出讓位置給下一代。還好，謝天謝地，所有尖端先進的醫學發明仍舊

枯木豐富了森林中的生物多樣性。

無法改寫生物時鐘（biologische Uhr）輪替的時間程式，要不然我們的星球總有一天可能擁擠到僅剩下「站票」。

樹木的生命運行也很類似：樹木生長的尺寸超越某一個大小後，樹幹內部將開始腐爛，這個腐朽的速度會愈來愈快，直到超過外部產生新生組織的速度。從此刻起，樹葉凋落、樹枝萎縮，樹木的生命盛宴進入尾聲。而躲在母樹下，熱切渴望等待好幾十年的幼苗，感謝天上突來的光照，快速地發育成長，因為從現在開始，幼樹的主要任務就是將空出來的位置收為己用。

只是亡者責任未了。樹木在世時，從深土裡大量往上供應的養料，如今將一步步漸漸分解出來交給「樹孩子們」享用。無以數計的昆蟲與真菌專為腐木而來，森林整體的生態系統將從腐朽木中獲益。就算我們不清楚森林與微生物之間的關聯，但我們知道樹木的健康和穩定與生物多樣性是有關聯的，以下用一個小小的例子加以闡明。

富藏腐朽木的森林是各種鳥類的留宿地，啄木鳥也是其中一員。腐朽木中富藏的昆蟲幼蟲提供大餐給啄木鳥，讓啄木鳥得以生存。另外，這些長著羽毛的「鳥室友」也順便為活著的樹木提供特殊服務，協助樹木掃除寄生蟲，就像非洲（紅嘴或黃嘴）啄牛鳥（Madenhacker）為犀牛與大象提供的服務一樣❶。假如森林中沒有腐朽木，就沒有啄木鳥會去查看樹木，樹木便必須自求多福，獨立對抗各種攻擊。

就連被溫帶氣旋吹倒的殘樹也有用處，它們能向下鬆弛土壤，便利樹根深植，改善樹木後代的居留環境。因大樹倒下時，根盤連帶著土壤向上掀翻，這些出土的土壤將在接下來幾年的時光，經雨水、凍裂作用後，完美的碎成粉屑，再次歸塵入土。幼苗敏感的根系在碎屑土壤有機質裡總感到特別舒暢，幾世紀後，早已腐朽落土歸塵的老樹只留下一小坨橢圓形的土丘。

這種典型的窪地與小丘地形交替變換的狀況，特別常見在原生森林內，它們是經過好幾代的樹木輪替才漸漸形成，然後慢慢地遍布在整個森林內。

譯註

① 非洲（紅嘴或黃嘴）啄牛鳥經常聚在大型草食動物身上啄食寄生蟲維生。

第十九章
花園裡的樹木

在育林苗圃裡，時間就是金錢，效率就是一切。從種下種子到能夠商業販售，就如作弊的運動員打入禁藥一樣，苗木將植栽苗木必須在兩、三年成長完成，就被灌滿肥料，受到礦物質營養的澆灌。

不論是生長在花園、公園或是森林裡的樹木，都有很多共通點，但生長在非森林微氣候地區的樹木，其生長發育的情形就跟森林裡的樹木很不一樣。特別是在花園裡或是樹距較大的公園裡，有著開闊地的微氣候。在這裡，太陽直射地表，使得土壤溫度升得比較快，也讓土壤乾燥得比在昏暗濃密的森林土壤快。風在這裡可以形成風筒一樣，穿梭於樹間，並捲起秋日落下的樹葉或針葉，在森林裡，這些樹葉本來都是像堆肥一樣落在地表，保持樹根的溫度。

在很多情況下，出於人類的紀律精神自會督促我們把落滿草地的葉子清除。而我也屬於這類型的園主，無法看著花園內的草坪被咖啡色的爛葉泥層覆蓋。最起碼我會拿起耙具聚掃一部分的落葉，再將它們均勻分散在樹幹下與樹根邊緣相鄰的土表上。

其實生長在花園草地上的樹木，大都受到腐植質缺乏的折磨。腐植質就是所謂的腐植質複合物，說直白一點，這種複合物就是「蚯蚓糞便」。除此之外，它們還是土壤中最重要的蓄水池。而我這個清掃落葉花園園主的行動，會使得樹木缺水的情況更加惡化了一點。以上所說的還只是現代花園帶給樹木各式各樣壓力的冰山一角。

寫真：蘋果樹

我們所種的蘋果樹（*Malus*）都是源於野生蘋果。不管是亞洲的品種還是歐洲的，到底哪一個品種才是真正的原生種，已經沒辦法分清楚。倒是土生土產（野生）的歐洲野蘋果（Holzapfel，*Malus sylvestris*），其中有特定部分的基因或許仍留在目前的人工培植的品種裡。為更加瞭解花園裡的蘋果樹（Apfelbäume），讓我們先探究一下野生蘋果樹。

歐洲野蘋果是生長在森林邊緣與溫帶草原的典型代表，我們能從歐洲野蘋果往旁側生長的枝幹，以及它們用來對抗草食類動物饕客所長的帶刺枝條就可辨識出來。由於歐洲野蘋果身材矮小，最高只長到十至十五公尺高，無法與山毛櫸、橡樹，或是雲杉相互抗衡，一起在大片的原生林區內生活。相反的，歐洲野蘋果喜好生長在河流與小溪附近的地域，或生長在陽光普照的灌木叢或是草原裡。

很不巧的是，這些地方恰好都是人們非常喜愛利用的地方，結果就是歐洲野蘋果幾乎消失殆盡，或者應該已完全絕跡：因為人工選種的蘋果樹花粉經蜜蜂辛勤的傳播，也順便傳遞給野生樹種，造成不同品種間基因的混合。純種的歐洲野蘋果極可能已不存在，同樣的，歐洲野梨也遭受與歐洲野蘋果一樣悲慘的命運。

我們不能把一個樹種單獨隔離探討，因為除了樹木本身以外，它還有很多「隨從」，例如昆蟲、真菌和細菌，關於它們的存在，目前的相關研究非常少，

或是完全沒有。然而我們卻可以幫這些「隨從」一點忙，因為很有可能對這些小東西來說，它們根本不在乎活在歐洲野蘋果的樹冠上、樹幹裡、樹根下，或是存活於其他品種的蘋果樹裡。就算人工培植的蘋果樹骨子裡只剩下微弱的野生特性，不論是博斯科普蘋果樹（Boskoop）、約那金蘋果（Jonagold），或是冬雷伯蘋果（Winterrambur），不管哪種蘋果樹種，它們都像是這群跟班小隨從的「救難艇」，提供給它們一片生存的空間。

人類的種植行為

我們來看一下一棵「受文明教育」的樹苗是怎麼長大的。話說它的一生是從育林苗圃開始，在育林苗圃裡，時間就是金錢，效率就是一切。從種下種子到能夠商業販售，植栽苗木必須在兩、三年成長完成，就如作弊的運動員打入禁藥一樣，苗木將被灌滿肥料，受到礦物質營養的澆灌。運動員打禁藥長的是肌肉，樹苗長的是又高又充滿活力的新芽。所以你捫心自問：假若有兩株同齡的苗木可選擇，難道你不會選擇比較高壯的那棵嗎？

接下來，育林苗圃還要面對更多的問題。剛開始，每棵樹木都在土表上枝枒還沒往上長的時候，樹根已先使勁地往地下深處生長鑽伸，同時間，當樹幹隨著往上生長，樹根會再繼續往四方旁側增長，長到至少與樹冠的幅員一般大小。所以，當你去苗圃選購至少有兩公尺高樹幹的蘋果樹，若是在樹木的正常發育下，光是它根系的大小，就比我們的小客車後車箱的空間還大，占有如此巨大空間的樹苗根本賣不出去。另外，顧客偏愛乾淨漂亮的樹苗，所以當我們問要修剪樹木哪個部分時，答案很簡單：根部。為此，每年苗圃內的樹苗都會被拔出土中並修剪根部（大部分用器械切割），好讓在根株下的根系能夠長得更密集，並長出許多非常重要的細細鬚根，因為鬚根是專門負責吸收水分的。如此經年累月重複的斷根處理，讓樹根根部變成一個體積小又密實的球狀，非常適合裝進盆栽容器。而且在運送苗木回家的過程中，土壤被密實繁多的鬚根包住，比較不會碎裂成屑，種植時所要挖掘的植穴也不會太大——這一切讓苗圃主人和顧客都非常滿意，除了樹木以外。樹木在經過這種「培植」處理後，根部完全喪失支撐力（審註：因為主根是負責支撐的，鬚根負責吸收水分和營養），必須靠人工支架幫忙支撐好幾年。

最後把樹苗放入植穴裡時，要非常小心翼翼而且注意很多的細節。因為這時樹根若被歪歪斜斜地種下去，之後也會長得歪歪斜斜。這種風險特別容易發生在不帶泥膽的裸根植物上（審註：「泥膽」是移植樹木的專有名詞，指樹根包含的土壤）。單一方向的擠壓就會造成根部偏向生長，也會使樹木無法穩穩地站著。常常在幾十年後強大的溫帶氣旋來襲，當初草率種植的馬虎處理才會顯露出來（審註：因為樹木傾倒後，園主看到偏向一邊的根系，就知道是種植時擠壓到了，樹木才會傾倒）。所以在你把植穴填滿前，請將樹苗的根部隨著已生長好的根系方向攤開，並在根系間填塞一些鬆軟細小的土粒。你在此刻花的時間愈多，愈小心仔細的處理樹根，樹根也會長得愈好，也愈能牢牢地固定在土中。

但是，即使在種植時多麼小心翼翼，我們也沒辦法補救斷根所造成的問題：當樹根被修剪截斷一次，再也無法往地底深入生長，只能停留在離土表三十至四十公分深的地下（審註：因為主根被剪斷就長不出來了）。假若身為園主的你能夠選擇，最好拿一顆種子種在你想要的花園角落，然後讓它慢慢長大茁壯。若你選擇購自花市經過嫁接的樹木，有句至理名言是這麼說的：「樹苗愈小棵愈好！」因為經過苗圃斷根處理後，以矮小樹苗的樹幹和樹根的比例來看，其根部的比例較高，而且小樹苗種下後，根部生長也比較快，種植失敗的機率也比較低。我很瞭解在花園種植一棵看起來又高又大的樹苗是件多麼美好的事。但請你耐心等待！來自苗圃矮小的樹苗必能快速地生長，甚至長得更健康、更穩固，而且通常在五年後，能超越原來你比較心儀想栽種的較大棵樹苗。

樹木的地下室

現在你院子裡有一棵新的樹木，它用樹根探索著你花園裡的土壤。森林裡的土壤既鬆又軟，通氣佳且能調節溫度水分，總是維持適宜的溼度不至於積水，更富含充足的營養。花園的主要功能是讓人類遠離喧囂，在自己的小天地放鬆心情，所以人們常用五十到一百五十公斤的重量走在花園草皮的小徑上，使得鬆軟的土壤變得堅硬結實。除此之外，現今住宅區常常被規劃在以前的農田上，這些土壤已長久遭農作機械的處理，或是幾經牛馬犁耕，形成密實不通的土質。視土壤種類與其顯示出來不同的狀況，這種被踏實的土壤就像土中的不透水層，不論水或空氣都無法透進，當然樹根也沒辦法生長穿透這層土壤，因為大部分的樹木是沒辦法在「地下室」缺氧的情況下存活。你怎麼看出這區土壤下有不透水層呢？只要從滂沱大雨後，地面形成一灘積水，幾小時甚至數日內都不消散的狀況就可以推斷出來。

當你的花園裡有如上述積水的問題區域，該怎麼辦呢？你希望花園能有遮蔭的地方，或是你希望花園有一棵雄偉高壯的大樹，那我就推薦橡樹或銀冷杉，土壤缺氧區對它們的影響不大，而且它們的根部可以穿過缺氧區繼續往下生長，所以溫帶氣旋來襲時，也難以將這兩種樹木連根拔起。

若你想在花園內種植如櫻桃樹或是梨樹等樹種，那麼你至少要多替它們注意一下，讓它們的樹根能夠好好地生長茁壯，並且可以向四面八方擴散，避免因為主根無法深入地表而出現的所有問題（審註：因為每年斷根讓苗木無法生長主根）。在每個樹根附近設置跟樹冠半徑同寬的圓形敷蓋區，就是為了幫助樹根向四面八方生長，再堆上一層厚厚的有機肥料，這樣一來，我們就替樹木培養了含水又營養豐富的腐植質，就像在原生森林一樣。當樹冠繼續向外擴張時，只要把敷蓋區往外擴大，就可以誘使樹根也跟著向外生長（請參閱第五章「神祕的樹根」）。

我們還可借助堆有機肥的鐵絲網圈保護樹根，它能減緩並降低花園裡的另一個風險：田鼠（Wühlmäuse）的破壞。田鼠，這種小嚙齒動物在森林裡並不常見，因為林下昏暗的光線，使得地表上幾乎沒有任何植物可以生長，對田鼠來說，森林裡缺乏食物的來源。加上缺乏地表植被的掩蓋保護，讓田鼠在森林裡的生活到處充滿危機。比如灰林鴞（貓頭鷹，Waldkauz）在高空遠處，能一清二楚的看見田鼠，隨即展開捕獵行動。

對田鼠來說，花園裡的迷你小草原跟在森林的情況完全不同。套用林務員的一句老諺語來形容非常貼切：「光來，草就來，田鼠也來，這下慘了！」這表示光線充足使草地滋長，繁茂蔥鬱的草地讓田鼠可以安心藏匿並穿梭於草縫間，啃食雜草叢生的樹木。同時花園裡種著從建材市場植栽部門買來的新生苗種，更是田鼠的生活極樂園。已被灌滿硝酸鹽肥料的果樹或樹籬灌木等幼苗的根部，有如美味可口、多汁的紅蘿蔔，讓田鼠無法抗拒。只是這真讓園主感到大大的失望！才剛買進的苗種，到了早春還未萌芽，竟不費吹灰之力，只是溫柔的拉一下小樹的枝枒，小樹苗就輕鬆離地，原本應有的根系只剩一棵像被水獺囓齒啃咬，滿是田鼠齒痕的殘株。

所以請你試著讓田鼠這個搗蛋鬼的生活難過一點，並且讓牠天敵的狩獵輕鬆一點。保持你花園的草坪又矮又短，增大樹木的圓形敷蓋區（上面不可以有雜草）的面積，創造田鼠一點都不喜歡的生活環境。這能使樹苗有機會跑在田鼠前面，快點度過剛被種下後最危險的第一年。

老鼠擅長藏匿於草地裡。

多餘的廢土

花園裡若有幾棵氣息奄奄將要死去的樹木，我們在花園的樹幹上應掛上寫著「客滿了，請勿進入！」的指示牌。可惜這指示牌的意思與生意興旺的企業全然無關，而且是完全相反的情況，讓我述說解釋如下。

有些花園主人想開闢新的露台、蓋游泳池，或是做一個造景的小斜坡。這些改造會讓土壤因地形改變而顯得多餘，這也給園主自己帶來一個問題：這些被開挖出來的土石要挪移去哪兒？若是園主請專業的廢土公司處理，通常索費昂貴，並不是每個人都願意花錢處理廢土，尤其是只有幾百公斤的廢土。那我們要怎樣做呢？最快速便捷的方法，不就是把這些多出來的土壤倒在樹幹周圍嗎？之後把土壤鋪平然後灑上種子，讓廢土上長出草皮，花園看起來再度變得俐落清潔，一切似乎回復整齊。但對於沒被問過就在根株處被傾倒廢土的樹木來說，它的問題才剛開始。對於根部被傾倒廢土這件事，樹木實在高興不起來。樹木一部分的樹幹被廢土埋在土裡，老是被弄溼，得到的空氣不足。更糟的是，鋪蓋新增的廢土壤層也波及到樹根根部，堵死歷經幾十年來，好幾世代蚯蚓們所挖築的天然土壤通氣渠道。

在缺氧與樹幹潮溼的雙重作用下，幾年後就能看出樹木所受到的傷害：樹木的樹冠萎縮，新長出來的樹葉變小，小樹枝乾枯乾竭，樹皮的裂片飄落滿地；很明顯的，這棵樹木的健康狀況每況愈下，愈來愈差，結果受盡永不停歇的腐朽折磨，最後步入死亡。

其實不是所有的樹木都會因外力強加的廢土而受到傷害。山毛櫸或其他薄樹皮樹種的樹木會因此受苦，但柳樹，白楊樹與赤楊樹等樹種對於潮溼積水的環境就能適應得比較好，就比較不受影響。

合二為一的嫁接

前面我們已經說了很多關於「地下室」（審註：指樹根和根株部分）的情況，現在我們來看看真正的「樹木」區域——地上部。花園裡的開闊地微氣候❶對樺樹、柳樹或櫻桃樹等「早熟型」樹種好處多多，讓它們在花園可以長得跟在天然森林一樣好。像蘋果樹、梨樹或梅樹也都不喜歡住在森林裡，溫帶草原的性格在它們的野生種

譯註

① 特指在比較小範圍的綠地區域或公園區的小氣候效應，會因為樹蔭、草坪、水池等多種因素影響此區的溫度、溼度、氣溫等。

每次的嫁接會讓一段小樹枝長成結實纍纍的果實。

上顯露無遺：它們的樹枝上到處帶著刺，用以抗禦素食饕客，而這些饕客都不是森林的常客。所以，這些原本生長在開闊空地的樹種活在花園裡會感到異常舒適，並能活到天然壽命的極限。

不過這些果樹若是經過嫁接處理，就沒辦法自然終老，因為是兩個不同的樹木被強迫在一起生長的人工產物。嫁接的過程就像是把大猩猩接上紅毛猩猩的頭，如此聽來是否有點像科幻小說《科學怪人》（*Frankenstein*）[2]的故事？我們在嫁接中所說的「砧木」，或是稱之為母樹，指的就是在選擇想要品種的一小段樹枝當作接穗插於其上的樹木；若是以梨樹作為接穗，榲桲、野生梨樹和花楸樹都可以當作其砧木。至於櫻桃的話，有些人工特意培植的櫻桃砧木（例如灌木櫻桃會被用來當作砧木）有很奇怪的名字，例如「GiSelA 5」或是「Weiroot Nr. 158」。或者有時候只是櫻桃的野生種，被拿來當作嫁接人工培植的品種的母樹。

嫁接繁殖會使得提供接穗的樹木變得幾乎長生不老，因為所有的接穗都來自一棵具有大家喜歡的特質的果樹，就像是法國梅斯地區的黃香李。當這棵果樹以接穗的方式大量的繁殖（而且分布到世界各地），隨著每一次的嫁接，一小段的樹枝便在新的砧木上長成一棵大樹，於是原株的生命便繼續延長好幾十年。

每一棵樹木或者說地球上的生物，都想盡辦法在演化的競爭中生存下來，並把它的遺傳物質繼續傳遞好幾個世代。嚴格來說，果樹在演化的競爭中非常成功，它們透過果實這個「誘餌」，促使人類幫助它擴大分布範圍。如此看來，前段文中關於佛蘭肯斯坦（科學怪人）的頭顱換接的比喻有點誇張（在此我也收回如此的比喻）。

事實上，一個果園裡所有果樹都來自同一棵果樹，對於受精作用產生嚴重的後果。大部分的果樹都需要另一棵在附近不同品種的果樹完成花粉受精，這樣一來，產量才會大。選擇另一棵果樹時，最好選不同的品種，因為一個果園內所有的果樹都算是接穗母株的延伸。基於這個理由，你常常可以在果樹上看到掛著的標籤上寫著「受精品種」，這棵樹木開花的時期會與應受精果樹相似❸。

譯註

② 英國小說家瑪莉．雪萊（Mary Shelley）寫的恐怖科幻小說，是西方文學史的第一本科幻小說。

③ 是用來提示園主還可以選種何種果樹作為同伴樹。

砧木是接穗發育和整棵果樹生長情況的主要關鍵。生長緩慢的砧木會使得果樹整體生長減緩，也使得蘋果、梨子、櫻桃和李子不會占據太大的花園面積外，花圃也依舊還在果樹的陰影下。你若是希望種一棵能長得雄壯威武，足以綁上吊床或盪鞦韆的大樹，就要選擇一株樹幹高大又具強勁生長力的砧木。

有時嫁接上部的接穗和下面的砧木會產生嚴重如人與人之間「意見不合」的反應，也就是樹木嫁接處的上下部分生長不協調。在老樹身上，樹幹到樹冠的過渡區特別能看出這種意見不合

有時候砧木與嫁接的接穗會互相排斥，完全合不來。

的衝突現象，這區會突然變得特別粗，導致樹木可能會因為在此處纖維生長變化容易斷裂。

或者實施嫁接的位置非常低（審註：專業術語叫「低位嫁接」），有些接穗只被嫁接在離根部幾公分的砧木上，可能導致接穗「逃獄」的情況發生。特別是矮化果樹都是被嫁接在生長勢較弱的砧木上，目的就是讓樹木長得又矮又密實，這種矮化果樹特別適合空間不大的花園。若是矮化果樹在種植時被埋得很深，嫁接處的接穗能接觸到土壤，接穗便會從樹皮長出新的根。這樣一來，接穗就可以逃出砧木的束縛，盡情的依自己想要的速度生長，原本經過矮化處理的果樹，幾年後反而變成最後可以長到六到八公尺高的果樹。若要防止這樣的情況，你要注意嫁接時，嫁接的位置一定要高於土表。

這種嫁接方法可能就是為什麼矮化果樹只能活幾十年的主要原因，它們不像野生種在正常情況下可以活到幾百歲。砧木上的接穗是屬於年齡很大的樹木，它的生理時鐘即使在被嫁接在新的樹木上後，也只能有限的被延長。

現在來討論一下「早熟型」的樹種。早熟型樹種非常適合種在花園裡，花園中的競爭不如原生林激烈，花園是有獨行俠個性、早熟型樹種的極樂天地，如樺樹、柳樹、野櫻桃樹，或是楊樹等，它們在花園生長的情形，跟在大自然裡的生長情形沒有什麼不同，它們也能夠在花園裡長到二十五公尺高或是更高。早熟型樹種的晚年依花園面積的大小，帶給人類不同的問題，因為它們通常不是帶著支離破碎的枝條與樹幹漸漸死去，而是因為樹幹被嚴重腐朽，朝夕不保，搖搖欲墜地被強風吹倒而死。

原生林的樹種與早熟型樹種完全不同，不論橡樹、山毛櫸，或是雲杉，我們也能在花園這種不是天然的環境裡看到它們。在花園裡，沒有高大老樹的陰影減緩小樹的生長，也沒有老樹經由細嫩的側根提供小樹在碰到危機時糖液以補充營養——矮小幼嫩的原生林樹種在我們的花園如同孤兒般成長。別擔心，即使這樣，它們還是能夠長成相對健壯的大樹。

幼苗剛開始在花園裡的生長非常快速，通常在森林裡，這些樹種的青年期大概有一世紀這麼久，對在花園裡長大的幼苗而言，這個等待時期被直接省略跳過。從一開始，它就如加滿油般的使勁往上抽長，而森林裡的幼樹形成樹冠是經過緩慢地向上生長，一直到有一天終於獲得足夠的光線，因為它終於到達更上層、更高、更亮的高度才有可能。長在花園裡的樹木一開始就享有這樣的光照亮度，所以一開始就能長出粗壯的枝條。這種生長會有兩種後果：一個是這些種在花園裡的森林樹種不能達到天生的最高高度，因為它好像少了一段中間的樹幹。主要在於它們在花園裡不用刻意的往高處長，在離地幾公尺的地方，它們就開始形成樹冠（審註：所以跟在森林長大的同伴相比，看起來好像少了中間那一段樹幹）。另一個後果是由於跳過青年時期的等候時光，它們無法如森林的樹友們一樣長命百歲。由於花園的樹木在青少年時期快速的生長，樹幹內部的木質部細胞長得粗大又飽含空氣，有利於真菌生存，讓真菌更加容易擴散並侵害樹木，因而使花園的樹木處於危險中，終有一天樹木將腐爛而死。不過森林的樹種還是有機會能在花園存活好幾百年，前提是我們適當地照顧對待它。

剪枝

樹木可以長得又高又大，聽起來很普通、沒什麼稀奇，這個特點卻總是被花園主人刻意忽略，不然我們要怎麼解釋那些昂貴費時的砍樹行動？起因是三十年前花園主人過完聖誕節，把無用只帶著一個小小根球的聖誕樹隨手種下，它現在卻長到要請專業公司來處理，只因為隨著時間過去，它使得照入房子裡的光線愈來愈稀少？或是其他的樹種因為有具觀賞價值的葉子或是甜美的果實，而被帶進花園裡，在幾十年間愈長愈高，超過花園主人的預期，並占用那些本來要留給草皮或花圃的地方。

為了避免事後修枝的麻煩工作，你應該瞭解一下自己想種植樹種的最高生長高度，即使你很不想改變決定，但若是花園面積太小，你應該選擇最高生長高度不會太高的樹種，因為不管除去老樹上粗壯的枝幹或修剪樹冠，都會帶來以下的問題。

修剪樹幹就是截斷樹木的輸送管路，也就是將樹木纖維橫切。空氣便可藉此進入樹木的維管束，產生像人類一樣的栓塞問題，於是栓塞附近的細胞組織會逐漸壞死。切口附近的形成層也會被牽連拖累，失水乾枯而亡。這樣一來，樹木的傷口其實遠遠超過修剪切口的大小。此時，樹木要想辦法以最快速的方法封鎖木質部的傷口，不讓空氣及跟隨而來的真菌溜進樹幹裡。如果樹枝枝條的直徑沒有粗於五公分，照理能完成包覆修補，成功封閉傷口，空氣進入樹幹的管道會再次被中斷，樹木細胞組織能再被樹液浸溼。這樣一來，真菌得不到空氣、沒辦法生存而死去，樹木便能將傷處包裹好做好對外隔離，不受干擾的繼續生長。若是枝幹傷處更大，真菌便會更深入地侵入樹幹。然而心材的年輪因老化已經停工，樹木在此處已經沒有防禦能力。除此之外，在面積較大的傷口處會有更多的空氣進入樹幹，也停留得更久，所以真菌不會全部窒息而死，反而繼續深入腐朽樹幹，一直到整棵樹幹被掏空為止。

傷口癒合的能力依樹木種類的不同而有差異。當柳樹、樺樹或是果樹最多只能應付傷口在五公分直徑內的樹枝時，像橡樹、山毛櫸、懸鈴木、松樹，或落葉松等樹種，卻能輕而易舉的處理樹枝上十公分直徑粗的傷口。

若是樹木的受傷情形特別嚴重，而且在與真菌的競賽中輸了，這會對你的生命財產有安全上的威脅。你可以估計一下花園樹木的高度，以這高度長為半徑，在樹幹周圍畫一圈，就可以得知當樹木被溫帶氣旋吹倒後，斷裂的樹幹落下時，有哪些物品、建築與植物位於這個危險區域內。而且這個危險區域的半徑每年會隨著樹木長高持續增加。

各種園藝廠商都生產各式各樣保護修剪樹木的切口，以及讓樹幹殘枝不受真菌感染的商品。各種不同的樹蠟或敷劑都聲稱能密封樹木傷口，而且給你一種錯覺，好像樹木已經受到保護。可惜，近年來已被證實這完全是誤導。因為真菌孢子最慢在十分鐘內就會落在新鮮的樹枝切口處，在這之後所有的保護措施都無濟於事。想要修補樹木傷口的處方藥劑見效，必須在修剪樹枝後馬上使用。若傷口已暴露在空氣中好幾個小時或好幾天，就請省下買藥劑的錢。而且藥膏應被禁止用在舊傷口：當真菌一旦已進入樹幹內部，在樹木的傷口上蠟會保持傷口潮溼，卻更加提高真菌擴散的可能性，使真菌就算在乾燥的天候下也能繼續繁殖。

就算在十分鐘的危險關鍵時期對樹木做了正確的保護措施，也無法保證剪枝傷口能夠全部痊癒。雖然已確實上蠟，終有一天經日曬或寒霜後也會出現裂縫，此時真菌最終還是可以對樹木下手。不過藥劑至少有一個正面療效：能防止傷口處的形成層乾枯死去並且不會繼續擴大。在這種人工保護層完美保溼的協助下，讓樹木能夠馬上進行修護傷處。不論是樹蠟劑或其他藥劑，應該只抹在切口處與樹皮或木質部的分界處最外圈部分上一圈，一方面能保護形成層，另一方面能讓切口的其他部分變得乾燥，使真菌無機可趁。我們對樹木最適當的保護方式直到現在依舊不變，還是請你就讓粗壯又健康的樹枝留在樹上吧！

如果修剪粗大枝條的情況無可避免，該怎麼做呢？

第一條規則：枝條愈細愈好。把必須砍掉的樹枝都做上記號，而且馬上下手切除不要拖延。年復一年的拖延，樹枝只會愈來愈粗，使樹木遭受菌害的風險更加提高。

第二條規則：切剪樹枝時絕對不可傷及枝領。請再參閱第八章關於「枝領」的內文中，說明枝領如何形成和它的作用的部分。你若在剪枝時仍感到懷疑並毫無把握，只要記得留一小段樹枝在樹幹上，即能保證枝領完好無損。

剪枝時，絕不能傷及枝領。

第三條規則與切剪樹枝走向有關：剪枝時一定要避免撕裂樹皮。當由上往下鋸斷樹枝枝條，在樹枝快要完全斷落前，因樹枝非常的傾斜，在切枝落下的同時會撕裂樹皮，被撕裂的條狀樹皮經常是往切處下方向下撕拉，一直延伸到樹幹的樹皮，這樣就會傷到了枝領。

正確且不傷害枝領的方法是先從枝幹下端往上鋸，至少先鋸開樹皮到木質部的深度，再改由上往下切割，才能有效防止切口處樹皮的撕裂。至於又粗又重的枝幹，最好是一小塊，一小段的鋸切，但是應該在同一工作程序完成，這樣做是為了減輕樹木因鋸樹時，樹枝與樹幹交接處因槓桿效應增加的壓力，還有降低枝領受損的風險。

第四條規則：只能使用銳利的切鋸工具。當鋸刀不夠利或是剪枝剪刀不鋒銳，必然會造成被切除樹幹殘枝的不規則切口，對於樹木之後的修補包覆非常不利。

最後，同樣重要的一點是關於修剪的季節時間：早春時嚴禁剪枝，因為此時樹幹裡充滿樹液流動，這段時間就是三月至五月份時，樹木專注在萌芽、長新葉，沒有多餘的力氣對抗真菌。這時期的樹木若是修枝後從切口處「流血」，就是指它從傷口處流失了樹液，這些樹液使得樹木容易受許多病原感染。我們常常可以看到從樹皮噴出的樹液變成黑色，這表示真菌和細菌在樹液裡快速繁殖的現象。

同理，在冬天下雪結霜的時期也要避免動刀切枝。剪枝的最佳時機在夏季，此時的樹木有空暇也有能量療癒傷口。最主要是因為樹木在夏季被剪枝時能及時反應，冬天時就無法勝任。盛夏修枝時，顯然樹液的流量已經減低，所以不會從傷口流出任何汁液。常常聽到冬季時應該修剪果樹樹種的建議，純粹是因此時的樹冠光禿無葉，便於讓花園主人能夠看出整棵樹木的枝條生長形狀，也比較容易找出不合心目中的樹冠外形枝條。

以上的說明均適用於還有生機的樹枝，至於乾枯的樹枝（殘枝）情況完全不同。修剪已枯死的樹枝時，樹皮不會被撕裂，被鋸傷處不會流出有助於真菌入侵的樹液，樹木早在你進行修枝前已事先被預警通知，並正進行殘枝包覆的措施。但無論如何你仍應該將殘枝乾淨俐落的切除，切口應保持平滑（請注意枝領部分），好讓樹木在切口處盡可能的迅速完成修護並癒合。

從樹木的觀點來看，樹籬（Hecken）是非常特別的例子。若是你的花園圍籬是用山毛櫸、千金榆、雲杉，或是美國側柏種植的，讓它們能舒適健康成長的條件跟正常的大樹是一樣的。不同點在於為了維持矮樹籬的狀態，每年必須修剪樹枝一到二回，以人為的方式控制樹籬高度，阻撓它們往上抽長的自由。假如不限制這些圍籬樹木的生長、不再修剪，它們隨時都可能再長成一棵完整的大樹。因為對這些特別適合作為樹籬的樹種（如山毛櫸或是千金榆）來說，它們在自己原生林的家鄉已經很習慣長時間的休息等待了。

同一樹種間不同的性格，也會在修剪樹籬時看得出來。初秋時節，請特別注意樹葉開始變色或是落葉的時刻：情況完全跟生長在原生森林內的大樹一樣，在花園中的樹籬樹叢裡，樹木落葉時也會分成小心謹慎的「膽小鬼」或勇敢豪放的「冒險家」等不同個性。

關於何時修剪樹籬，眾說紛紜。若從這些「小矮樹」的角度來看，只有一個適當的修剪時刻：那就是在夏天。因為盛夏時，這些「小不點」能馬上著手自理傷處並修護癒合。八月中起特別適合修枝，因這時繁殖鳥類（審註：繁殖鳥是指在當地繁殖的鳥類，跟候鳥是相對的）也已飛出樹籬。

若是有一天你願意給樹籬中的其中一棵樹木長大的機會，心動不如馬上行動！因為它跟地上部比起來，有著經過多年等待生長大得不成比例的根系，可以使得你選中的那棵樹非常快速的向上生長，長成能夠代表它樹種的一棵健壯大樹。

果樹的修剪

每年一到秋天，德國的社區業餘大學（Volkhochschule）及果園協會（Streuobstverein）

都會開設果樹修剪課程，而我們之所以要修習修剪方法，是為了要達到維持果樹健康及增加收穫量。然而「樹木每年都結實纍纍就代表這棵果樹健康」的說法正確嗎？首先，這個假設似乎違反大自然定律。其實野生的果樹品種每三至五年才會開花一次，只有少許樹木會出現例外，這是出於一個很好的理由：因果樹每回開花結果都代表著大量的能量消耗，以致樹枝及樹葉用以生長與抵抗病害的能量短缺。只有在樹木感到對自己的健康有疑慮的狀況下，樹木才會不管生命危險做最後一搏，以縮短開花間隔的方法，趕緊再次接續繁殖，進行傳宗接代。這也就是為什麼當空氣汙染對森林帶來破壞時，反而引發森林植物不斷開花的效應。

「果樹經人工剪修後，就變得虛弱無力嗎？」要回答這個問題並不容易，要依果樹苗培植的情況而定。之前提過，如果這棵果樹是所謂的人工嫁接果樹，就是把想要嫁接品種的小樹枝插在一株陌生的樹幹（砧木）上的人工果樹。這種異體枝條（接穗）長在砧木上的結合生長不如正常的樹木，而是比較像長在樹冠上的樹枝。嫁接的樹枝只會分叉生長，往這邊或那邊生長，爾後的幾十年內也只會往上增長幾公尺。同時這些生長在樹冠內部的嫁接樹枝，若被外圍樹枝的陰影遮蔽，很容易變得光禿禿，最後枝幹乾枯而死，這就是嫁接學所稱的「早期落葉」。在這之後，一棵行為放縱的嫁接果樹跟野生種沒什麼兩樣，它的枝條開始到處亂長，直到有一天接穗和砧木的嫁接處發出「碰」一聲被折斷的聲響：整個樹冠從被強行連接的地方斷成兩截。雖然並不是每棵嫁接的果樹都會發生樹冠斷頭的狀況，但是被強迫的雙方面愈不和諧，枝幹相互間的連結生長也愈漸疏離，就愈容易出這種亂子。

儘管嫁接果樹先天有以上所述的問題，修剪果樹最重要的目的就是在這種先天條件下讓樹冠可以和諧穩定地生長。過度繁茂增長的枝幹必須被剪除，樹冠持續疏枝後可維持透光。這樣一來，樹冠的重量會變得比較輕，也可以讓光線進入樹冠內部，讓所有的嫁接枝條都得到足夠的光線，不會凋落死亡。

修剪枝幹除了能減輕樹木的重量，使樹木的外觀看來更加優美外，果樹需要修枝的另一個原因，只是人類覺得這樣比較好看。

果樹的整體外觀造型也跟產量增加有關係。因為垂直往上長的樹枝無法形成花苞、開花結果，所以人類只對往橫向生長並且比較短的樹枝有興趣。那些喜歡吃水果卻沒有耐心的人，總喜歡找些用具掛在陡直的枝條上，以便果樹能往旁側水平伸展以助提早開花。一個更極端改變果樹枝條生長的種植方式是棚式果樹或牆式果樹，這些長在牆邊或是棚架上的果樹看起來比較像葡萄藤，而不像一棵樹木，但因為這種方式種植的果樹結實豐碩，採收容易，所以長相在這種情況下也不是那麼重要了。

再次回到先前的問題：「定期的修剪樹枝對果樹有益嗎？」假如果樹能說話，答案相當肯定：「毫無益處！」修剪措施雖降低整棵樹木四分五裂的風險，但仔細考慮所有的因素，我想大部分的果樹未經人工幫助的修剪也能長得好。但要是樹冠內部的樹枝光禿，蘋果樹或梨子樹的果實因懸在外圍導致摘收困難，或若是果樹每三年只結果一次時，你還願意把果樹栽種在你的花園裡嗎？修剪樹枝雖能預防一些人類不希望看到的現象，然而這一切都只是為了人類自己著想，果樹反而反過來讓人類幫助它們達到繁衍擴張的目的，這就是蘋果樹和其他果樹搶占一席之地所要付出的代價，因為這樣一來，它們在人類想要種的樹木名單上永遠都排在前幾名。

活生生的柱子

還有什麼比躺在花園樹蔭下的吊床更能享受盛夏之美呢？當然在躺下享樂之前，我們經常問及：吊床能固定綁在花園何處呢？綁在水泥樁柱上的缺點是當我們不再需要水泥柱時，想要清除它們是相當棘手的。

因此找兩棵距離適當的樹木固定吊床，享受日光並仰望蒼綠樹冠，當然是較實際又省事的行動。但請小心注意，就算你的體重不是重量級，也會造成樹幹嚴重的負荷。不過也請放心，樹木並不會因為掛上吊床而傾倒，樹根原本就能承受在溫帶氣旋吹襲下好幾公噸重的拉力，所以掛上吊床它還是可以承受的。只是請別會錯意，在此主要指的是樹皮可能被吊床繩子磨傷，進而擠壓到樹幹裡脆弱易受傷的形成層，受擠壓的傷口可能因為潮溼而帶來腐朽的問題。

把樹木掛上吊床當柱子使用時，應先估測樹幹撐不撐得住。當你躺在吊床時，樹幹絕對不能發生傾斜，即使一、兩公分也不行。其次要注意一下樹皮，光滑的樹皮代表樹幹太單薄，吊床的繩子會將樹皮割傷並傷及形成層。反之，若樹皮粗糙又有裂痕，表示樹幹能夠承受比較大的壓力。較粗糙厚皮的樹木可以用，但不一定需要使用繃帶保護，不過樹皮單薄的樹木就一定要用繃帶。準備一條一般用來固定綁緊貨物以提高載貨安全的尼龍繃帶，把繃帶環綁幾圈，打結固定在樹幹，有助於拴緊並固定吊床，又可分散壓力到比較寬大的受力面積上。夏天過後就把繃帶解開，待來春時再度綁好使用，免得帶子固定在樹幹後，卻因樹幹加寬長粗，使繃帶生長進木頭裡。

在樹木上綁繫固定盪鞦韆的處理方式如上所述。在一根穩固且水平生長的樹幹找到可以鎖吊環螺絲的地方，量好適當的距離後把繃帶繞上幾圈，然後再裝上固定鞦韆的吊環。這樣的好處在於用來固定鞦韆的枝幹能持久耐撐，可長期使用，以免某天某個瘋狂的鞦韆玩家出於好玩心態，狂盪測試而使枝條斷裂。

這種固定的方法也適用於任何固定於樹上的物件，例如叢林繩索探險公園或是樹冠步道。這些休閒娛樂設施如雨後春筍般一個個冒出來，使得人們有機會鳥瞰森林。即使這些設施很有教育意義，但是鋪設的方式卻常常很不專業。粗大的鐵索有時是用一個金屬固定管夾直接鎖在樹幹上，或者大部分情況下，只是在鐵索與樹幹間圍一圈木條當緩衝以保護樹皮，這兩種做法都會讓樹木受摩擦擠壓而受傷，因為硬梆梆的金屬管夾或木條圈永遠不會平平地服貼在樹皮上，使得樹皮受力非常不均勻。

除此之外，不是所有的業者裝設攀爬設施後，會隨時依樹幹隨時間慢慢變粗的情況而調整木條圈的大小。這種叢林繩索探險公園要是設在山毛櫸林，更是輕率不負責任，因為這種樹皮平滑的樹種對一直受傷好不了而潮溼的傷口非常敏感。可惜大部分叢林繩索探索公園的裝設都非常不專業又馬虎，使得架設區的森林嚴重受損。十年、二十年後，流行風潮一過，留下的只是樹幹已被腐朽並傷痕累累的樹木。在遊樂園裡，應使用織帶固定攀爬設備才是較好的選擇，因為織帶柔軟可以服服貼貼的繞在樹幹上，使環繞樹幹的壓力能夠均勻分配，只需每年鬆綁一下織帶，即可防止織帶被樹幹包入的情況。

屋前的大樹

住家前若有棵參天的古樹，能讓人真正感受到羅曼蒂克的感覺，老樹不僅葉濃蔽日又能消暑，松鼠穿梭枝間，使顫動的枝椏吟唱出平靜安詳的旋律，慰勞人們整天工作的辛勞。就像我們的林務局宿舍被老樺樹、老松樹與各種果樹環圍緊繞，我已經跟它們變得形影不離。只是在三年前，我必須與其中的一棵老樹告別：一棵巨大的老花旗松。

在我之前，曾住在這個宿舍的同事就和其他的花園園主一樣，犯了典型的錯誤。當初開始栽種花旗松時，他沒注意到樹木未來可能長成大樹的最高身高。花旗松被栽種在只離屋舍四公尺遠的地方，等到六十年後巍然矗立，巨大的粗幹高聳在屋頂之上遮蔽過半的屋宇，每年紛落而下的針葉無以數計。針葉阻塞了屋頂排水管，一下雨就積滿水，遮躲在樹蔭下的屋瓦磚也長出青苔，結果我們必須執行清掃屋簷的麻煩事。

另外，老樹持續不間斷的生長，樹根增長需要的空間也愈來愈多，使得門前入口階梯處已凸隆翹起。其實強風才是屋前大樹是否危險的決定性關鍵，若溫帶氣旋吹來，將樹冠吹彎到斷裂，就有可能落在閣樓、我女兒房間的屋頂上，損壞她的小天地。因此留下花旗松樹已毫無用處，必須將它移除。還好我們運氣好，住家坐落處離道路還有五十公尺遠，讓我們有足夠空間一次砍倒整棵樹木，當樹木倒下時，樹梢頂端只離我們自家用地的邊界幾公分。

在小面積區域砍樹一定要分段、分塊的砍伐，才可避免打到住家圍牆與鄰居住所，只是砍樹的工作會變得費力麻煩。若請來伐木專業公司服務，他們開價昂貴也所費不貲。

為預先避免樹木傷到地基房子這類的麻煩事，我們需注意樹木的栽種地點，並留意樹冠上粗大枝幹及高矗遠伸的枝條不會長到碰觸到屋子。有時就算樹木已經離住屋一段距離、被種在稍遠的地方，仍舊可能發生某些粗大的側根往圍牆邊緣伸展逼進。如果圍牆是以水泥完固鋪蓋，牆面接合堅固，應該不會發生任何事故。只是有些老屋的圍牆由未經處理的天然石塊砌成，又缺乏水泥補強，樹根很容易鑽生並擠壓破壞牆面的石塊使牆面分裂。

樹根，這種有固著能力的器官真是不可思議，令人難以相信！它們是如何做到無處不鑽，擠破地下管道？竟能突破廢水排管的密封保護環，然後肆意地伸進黑暗的下水道擴展生長。在水管裡生長的樹根會過濾攔截體積較大的雜物，直到管道阻塞。過去幾十年，許多樹木隨意的被種在廢水管或天然氣管附近，讓許多專家反對的聲浪愈來愈大。據專家估算，全德地區光為整治無孔不入樹根造成的破壞，就要耗費五百億歐元。

特別在一些城市裡，這種欠缺考量的行為是有其歷史背景的因素。因為過去的下水道與管路被共同鋪設在道路中間的地底下，路樹卻是整齊矗立在車道兩邊。二次大戰後，因考量成本，新增的管路被鋪設在人行道下方，這個原本歷年來是種植行道樹的位置。因為樹木需要幾十年後才會長大發展根系，所以這個樹根侵入管路的問題是之後才會愈來愈嚴重。樹根阻塞管路還不是唯一會造成損害的問題，因為樹根的特性就是會纏住石頭，以增加抓地力可以穩穩地站著，對樹木來說，若沒有石頭，公共設施的管線也是一個不錯的代替品。當溫帶氣旋吹襲，樹冠被振動，不停被風甩動搖晃的樹木，必須靠根系的固著力抵擋強風。若此時樹木是靠抓牢管線支撐，就很容易造成管線破裂，因為受風吹襲的根株負荷和根系總承載抗力會超過一百公噸。想當然爾，當初主事人員鋪設管路時，絕無考量管路設備需要具備如此強大的負載力。

萬一因樹木造成管道損壞，難以避免麻煩的挖掘與修理。為安全起見，屋主都希望將可能會做惡多端的樹木砍除。若正巧有好幾棵「問題」樹木，一次要砍掉這麼多棵樹木，真讓人感到很可惜。或許有可能可以避免全部砍除，我們可以試著花費兩百歐元，把從破裂管路中取得的根部取樣寄至弗萊堡的阿柏列何特－路德維格大學（Albrecht-Ludwig-Universität in Freiburg）化驗判斷，先找出是哪一棵樹木的樹根造成破壞。

所以當你的花園面積不大時，一定要注意植栽應保持的距離，或是乾脆選擇種植矮種的樹木。要是現況一切都太遲，一棵老樹已臨屋矗立，就不該只是放馬後炮一味責怪，而是該面對現實，仔細慎重的觀察一下樹況。你要注意的是住屋牆面上的小裂痕、住家附近地上的隆凸，或是地下室的溼度。只要這些不好的跡象都未出現，或許這棵樹木還能與你和平相處，不會硬鑽到你屋子的地基裡。但是如果顯示出任何侵入屋子的徵兆，就應該立刻將樹木移除。砍樹的時機其實可以拖延一下，例如你可以剪去大部分的枝葉，因為一旦龐大的根系不再獲得足夠養料，根系便會停止快速擴張，甚至還有部分被迫停工不再運作。但接下來會是什麼光景！樹冠被剪得殘破不堪，真菌趁機而入，大舉遷入進駐這棵巨無霸。應用這種強勢剪的方法，最多可以讓「問題樹木」延遲砍伐十年到二十年。

對待樹木更糟糕的方法是修剪樹根，但卻常被應用於處理道路旁的樹木。修復樹根與修復殘枝傷口相同：如果樹根傷口超過五公分的直徑，真菌會快速的入侵根部，使樹木免不了一死。但跟修剪樹冠相比，若是修剪根部，花園主人甚至沒有辦法預知樹木的穩定性已經快速的減弱，所以你千萬不要冒著一棵重殘的樹有一天會倒在你屋頂上的風險去修剪樹根。

培植接班人

當人們必須與一棵點綴花園景觀多年的老樹分離，傷慟沉重的心情一定都是有如刀割。之後再補種的樹苗，也不知要歷時多久才能再長成大樹、遞補老樹的缺空。這就是為什麼很多花園主人很難下定決心砍掉已經造成很多麻煩的樹木。

有一個方法可以減緩這種「樹小無蔭」過渡階段的困擾：你就按原始林的遊戲規則來玩，模仿樹木在大自然中演替的情況。大部分的樹木都需要「父母樹」保護，度過無憂無慮的童年時光。有什麼是比把接班人直接種在它前輩下，還更接近樹木天然演替的狀態呢？若你是因為老樹離房子太近打算砍除它，你種下它的接班人時，最合理的做法當然是把它種在離住宅遠一點的地方。除此之外，你應該選比較不會帶來很多麻煩的樹種做為接班人，比如在雲杉之下種一棵山毛櫸來替換。或是考慮之前砍樹的理由是因樹木長得太高，這時就可以挑嬌小的花楸樹來接班。長在花園裡的花楸樹只能長到約十五公尺高，不超過一般果樹的高度，它還能開出小白花，結出許許多多（相當有益健康）的小紅梅。

在老樹樹蔭下也特別適合栽種所謂的「晚熟型」樹種，即適宜種在原生林的樹種。例如我們若在樺樹下種了山毛櫸，就是給年輕的山毛櫸一個如在原生林一樣長大

的機會，因為在花園裡生長的樺樹，不會超過兩、三百歲。它們在這些樺樹奶媽的照料呵護下快樂慢活，與活在天然野生環境中沒有兩樣。二十年後，山毛櫸姿態纖瘦細緻才長了五公尺，等待著抽長時機。到了有一天某棵高大的樺樹老去，等待竄生中的山毛櫸就可以隨即遞補，趕緊占據空缺。

當然上面的方法並不適用於所有的樹種，特別是薔薇科屬，屬於「早熟型」的樹種（花楸樹，櫻桃樹及其他的果樹）。它們早已被大自然訓練有素，完全不需要「父母」的照料。若生在雲杉或冷杉下，對它們可能太過陰暗；但若生在樺樹或橡樹下，會有足夠的陽光透過樹冠落下，可以將早熟型樹種當接班人種於其下。至於屬獨行俠的果樹，個性非常強勢，所以它們在同一地點生長的下一世代，通常不會優於它的前輩。基於這個理由，我們最好不要在原來已經種過蘋果樹的同一地點，再次栽種新一代的蘋果樹。

中樂透

長在花園裡的樹木在很多方面都受到限制，像經常被修剪的籬樹，是我們之前提過最有代表性的例子。身為園主的你，禁錮樹木自由生長，讀了本書後，你不需要急著有罪惡感，先容我說明關於樹木如何權衡風險與報酬標準。

樹木每年能產生幾千個（例如果樹）到兩千萬個（例如楊樹）種子。為了繼續繁衍和維持一定的占有率，樹木只要在生命歷程中，有一棵唯一的幼苗存活下來並長成大樹就心滿意足了。大部分剩餘的果實多數淪落到動物的肚子裡或再次成為腐植質。

讓我們來玩一場動動腦遊戲：把每年樹木種子的產量乘以相對應樹種的平均壽限所得到的結果，恰好可以和種子變成大樹的機率互相呼應（審註：意指若是一棵種子變成大樹的機率是一比四，那這棵樹木一生就會至少產生四顆種子），因為每一棵樹木從機率上來看，基本上只需要一個接班人，所以樹木只要在這一生結出可以讓種子有一天能變成大樹的數量即可。楊樹的機率在一比十億，山毛櫸是一比一百七十萬，蘋果樹機率比較高，畢竟還有一比三十萬。所以對大部分樹種的幼苗來說，有一天能夠長成大樹的機會，跟我們人類中樂透頭獎的機率是一樣的。

在你家花園大樹上所結成的種子，若是長在野生的天然環境中，很有可能被腐朽，或剛好被有興趣的動物饕客吞食消化。當你在花園裡為小樹提供一塊小天地時，你正是那位讓小樹苗贏得樂透頭彩的仙子。幼樹能在花園裡生長，沒有任何危險的威脅，就算「只有」得到一個在籬樹裡的棲身之地，也是在你的批准下，使千金榆或其他適合樹籬的樹種成為樹木中的勝利組。因為在大自然的情況下，不是每顆種子都能獲得樂透大獎！

銅釘傳奇

歷年來，在民間已流傳許多與樹木有關的傳奇故事。其中有一個傳說，基本上與自家的樹木毫無關聯，卻是與種在鄰居家的樹木有關。不管是樹枝伸長超越籬笆，枝蔭遮了花圃的日光，還是樹葉被秋風吹過界；總之，鄰家的樹木真是讓人感到萬分困擾！經過雙方所有的溝通，把樹枝或甚至於樹幹砍除，或是對鄰居放話，最後全部的警告都毫無作用後，通常我們就會去社會秩序整頓局（Ordnungsamt）排隊報到，假若還是沒找到任何滿意的處理規範，那就只好訴諸法律裁決，這種告上公堂的處理方式，對許多人來說太耗費工夫。你根本無法相信，我多少次被問到要如何祕密地把一棵樹做掉。述文至此，我們終於提到了著名的「銅釘傳奇」。偷偷將幾根銅釘釘在鄰居樹幹上一些比較隱密的地方，然後樹木長過界的問題就迎刃而解。因為樹木對銅金屬的反應相當敏感，這一點是銅釘傳奇的真實部分。

一九七六年霍恩海姆大學（Hohenheim Universität）就開始研究不同樹種，對銅釘的反應。結論是：樹木們仍繼續快活生長。固然樹木非常不喜歡銅釘的存在直到死也無法容忍銅釘，但它把銅釘當成與其他東西一樣是外來異物，銅釘附近的組織會將其包覆與樹木隔離，這樣一來，會使銅釘無法發揮效用，銅金屬也不會再繼續進入樹木的水分運輸中。

第二個傳奇誤解也與釘子有關。在你的花園裡有座人工鳥巢嗎？那你一定讀到裝置說明裡需要使用鋁釘把鳥巢木屋固定在樹幹上的做法，就連許多自然保育協會也是建議按這種方式裝釘。如果你相信鋁釘對樹木的傷害不大，那真是天大的誤解。對樹木來說，不管是哪種金屬，鐵、鋼、黃銅或是鋁，都沒有任何差別。會建議使用鋁釘固定的理由是，林務業者為了保護電鋸鋸樹時所著想。總有一天，這些釘子會被增長的樹幹包入，然後消失看不見。過些時日，砍樹時電鋸正好切割到埋伏在樹幹裡的鋁釘，比起其他材質，鋁釘質地較軟，比較不會損及電鋸鏈。若是換了鋼釘，將造成鋸條嚴重損壞，甚至無法使用。其實花園裡的果樹砍下後，通常不會送到鋸木廠當作原料；但如果你想要把花園裡的樹木砍下來當材燒，用前述的鋁釘應是比較好的選擇。

第三個傳奇與樹木的「螺旋狀生長」有關。意思就是環繞樹幹、螺旋往上生長的木質纖維，因此樹皮上呈現出螺旋紋理，最嚴重的情況是整個樹幹看起來像是用手擰過的毛巾一樣。這個螺旋紋理在老一點的樹木才看得出來，因為每年年輪增長，會使木質纖維偏離旋轉的角度更明顯。

具有螺旋紋理的樹幹可以站得更好、更穩。

據說具螺旋紋理的樹木是因為它生長在地下水脈（Wasseradern）上面，或是受到地氣的影響，這個傳言的由來可能是因為在森林裡具有螺旋紋理的樹幹比較少見。樹幹上螺旋生長的木質纖維有些類似彈簧的功能，有這種紋理的樹木韌度較高也耐強風，不會因勁風吹襲而倒。樹木的木質纖維若呈垂直走勢，從下往上筆直的生長，在暴風來時，這類樹種通常最先遭殃，被強風攔腰折斷。也難怪樹木在歷經幾百萬年的演化後，具有螺旋紋理樹幹的樹木仍然亙古長存。

從以前開始，人類就喜歡將樹幹用來裁切成「板材」❹：若是用螺旋紋理的樹幹切割成木板，加工烘乾時，板片會因而旋轉扭曲，無法製材。長久以來，林業人員都把這種木材歸為次級材料，它們已歷經好幾世代在疏伐育林作業中被砍除，而造成具螺旋紋理性狀的樹木無法繁殖。接著隨著時間推移，這些生長不良且不受歡迎的樹木慢慢地被砍光除盡，讓位給砍下後非常適合製材、具有筆直樹幹的樹木，於是在過去沒人發覺的情況下，樹木便失去了可以增加穩定性的螺旋紋理性狀。

住在花園裡的樹木與人工林比較，樹木的外形相對的不太重要。仔細注意老果樹

譯註

④ 從整條樹幹直接裁切而成的長方形木板片。

與其他在花園或公園裡的樹木，以紅花馬栗樹為例：因過去這個樹種從未被木材工業經過人擇淘汰具螺旋紋理的個體，所以它們大部分都還保存著螺旋紋理的特徵。

總之，其實沒有任何的蛛絲馬跡顯示，樹幹螺旋狀生長的原因與地氣或水脈有任何關聯，這純粹只是樹木與生俱來的另一種生長方式。

接觸生長的「神蹟」❺

德國黑森林林區（Schwarzwald）有一棵根深葉茂且巨大的老山毛櫸，周圍被一圈大石塊圍繞著，樹木前排放幾張長椅子，椅子是用來給前來駐足逗留的遊人小憩。不少遊客每年都來到巨木前，他們很少是來仰慕它巨大的身軀，多數是為樹木中一座天主教的神像而來，這個神像頭部以下整個身軀（因樹幹長粗）已完全因接觸生長藏入樹幹裡。神像大約是在一百年前被固定綁在樹上，然後任由神像和大樹自生自滅，托付給大自然主宰而長入樹幹裡。

這個頭像神蹟被稱作巴茲勒天神（Balzer Herrgott）神像，人們為了保存維護這個狀態，會定期的清除樹木為了包覆異物所生長的木質部，所以在頭部的缺口處隨著時間過去，慢慢就被人類認為這是一個心形，在心形木頭裡的神像頭部是不是很容易讓人因天顯神蹟而有感天動地之感呢？

另一個接觸生長的例子：我家花園的前主人，之前也是林務員，他把一條吊衣繩綁在園中的樺樹上，之後就沒再理會它。結果過一陣子後，曬衣繩及繩結被樹幹包入消失不見，只剩下一小段繩頭露在樹幹外面，樹皮上只呈現出一條線痕，我們從樹幹上已看不出有何異狀，看似非常健康正常。難道這樣的接觸生長也算是神蹟，而讓人感動落淚嗎？

現在讓我們來看看這樣的接觸生長對樹木有何衝擊。樹木只能就地固定而立，不能前進移動。這樣聽起來好像沒什麼，但對樹木卻有很大的影響：我們若在樹木的一生中，在它身旁架立某個固定不能移動的物體，樹木沒辦法自行躲避。更糟糕的是：當樹幹不停的增粗，終有一天會碰撞到障礙物又不能因此停下生長，所以樹皮裡脆弱的形成層將不停的被迫相互擠壓，我們可以想像這對樹木來說是多麼的疼痛！當樹木被小小昆蟲螫刺，樹木都會啟動防禦做出反應；木材上小小的裂縫就讓整棵樹木動員起來增加樹幹的穩定性；所以因異物使得樹皮被迫互相擠壓，對樹木造成的痛苦至少

譯註

⑤ 當樹木碰到異物，像是其他或自己的樹幹、繩索、欄杆等物體，在接觸位置周圍的形成層會快速進行細胞分裂，以包覆異物，這會造成樹木養分和水分的運輸受阻，而成為樹木力學結構的缺陷。

跟以上兩種情形一樣強烈。面對這種情形，樹木能做的只有持續長粗，使接觸位置周圍被擠壓的形成層快速進行細胞分裂，以包覆異物繼續正常生長。如果障礙物體積不大，木質組織會將異物包覆起來，因為樹木的目的就是要再度恢復圓柱的樹幹形狀。問題在於，原本可以筆直順暢生長的木質纖維因為異物而被中斷了，這個樹幹部位未來都將是它力學結構上的弱點，隨時都有斷裂的可能，一直要等到整個異物被完全包覆納入，樹幹易折的風險才漸漸消除。

掛在巴茲勒天神旁的說明有提到，神像是被老櫸樹容納藏入的「憂患之子❻」（Schmerzsmann）。事實上，真正的情況正好相反，我認為比較好的說法應是老朽

特別狠心殘忍的做法是直接把鐵絲線接綁釘牢在樹上。

的櫸樹是棵「憂患之樹」（Schmerzsbaum）。

我們經常在森林與田野界線不分明的鄉間地區可以看到更多人類對待樹木特別隨便又狠心殘忍的情事：人們為了省去釘打裝設木樁圍牆的工作，乾脆直接用刺鐵絲線綁在分隔地界的樹木上。每次見到這種情形，都讓我感到非常的悲傷與氣憤，因為對樹木來說，如此被刺傷的傷痛根本永無止境。雖然樹木可以將鐵線在縱向完全包覆，但並不代表此事就到此為止。樹木被鐵絲線向左向右橫切的切口幾乎無止境的拉長延展，要樹木如何能夠完全包覆傷口、加粗幹身，想結束傷痛與回歸正常根本不可能！

譯註

⑥此說法出現在《希伯來聖經》中的《以賽亞書》第五十三章第三節，被基督徒認為是對彌賽亞的預言。在歐洲，十三世紀起，憂患之子像得到發展，在歐洲北部尤其流行。通常表現圖像為耶穌赤裸上身，帶著受難的傷口，尤其是手部和身體一側，通常戴著荊棘冠冕，有時還有天使出現。該圖像持續傳播，其複雜性的發展一直延續到文藝復興之後，但是其許多藝術形式是中世紀晚期虔誠的最精確的視覺表現。它和聖母憐子圖（Pietà），是這個時期最流行的獻身（Andachtsbilder）類型的圖像。

第二十章
生病的樹木

基本上，樹木通常處在能量平衡的狀態。有一部分的能量用來生長與繁殖，其他的能量被分配用來抵抗疾病。你可能在無意中讓樹木偏離了這個平衡：比如你為了讓樹木長得更好，移除了某棵樹木的競爭對手，或是供給它額外的養分、肥料。

想要細數或只是描述一下關於樹木的病症，資料多到需要整個圖書館存放。因為導致這個植物巨人失衡的要素，通常不是只有一種病原體、一種昆蟲，或是一種真菌。科學家稱其為一種「綜合併發症」(Komlexkrankeit)，用德文來解釋這個字的含意，只有一個意思，即「對此，我們是一知半解！」所以人類根本沒有任何療法來保護照料樹木。不過我們仍舊可以探討一下樹木生病的情況，對我們沒有壞處。

基本上，樹木通常處在能量平衡的狀態。有一部分的能量用來生長與繁殖，其他的能量被分配用來抵抗疾病。你可能在無意中讓樹木偏離了這個平衡：比如你為了讓樹木長得更好，移除了某棵樹木的競爭對手，或是供給它額外的養分、肥料，因此樹木便投注過多的能量在一次的抽高生長（或是一次繁花盛開），但相對的也減少了抵抗受病感染的儲備能量。原本出於善意幫忙的做法，這下可能弄巧成拙，適得其反，反而削弱了樹木的力量。因此，我建議你還是小心謹慎的改變做法才是上策。比較適當的做法是施肥要盡量適量均勻，或是想要移除你想保留那棵樹的競爭對手時，可以先砍除附近的一棵樹木，或是只先修剪一下競爭對手的枝條。

缺水的問題

口渴當然不是一種疾病，但是一棵樹木會因為得不到需要的水分而變得虛弱，若接著又被有害生物侵入感染，缺水就算是一種疾病。我們都能看出對每棵樹木來說，缺水是非常嚴重的問題。

每地的降雨量總和與樹木所吸收到的水分並不是相等的：你曾在下雨時站在樹下嗎？你通常必須在樹下等一陣子，雨水才會透過樹冠蓋頂的密葉掩護，三三兩兩的滴下。所以在雨水沒有滴下來之前，之前的降雨對樹木來說，毫無助益。因為大部分的雨水會停留在樹葉上，隨著再次露臉的陽光蒸發消散。

只有在雨下不停、連綿不絕，或是大雨傾瀉而下的時候，雨水才能川流入土。生長在樹木下茂盛的草本植物將捷足先登，最先從雨水得到足夠的灌溉，然後剩下的多餘水分最後才會滲溼土壤。這種「截留」（Interzeption）[1]所造成的水分流失，最多能超過總雨水量的百分之四十。有些樹種例如山毛櫸，為了將剩餘且未被截留的水分導引到樹根，必須依靠樹冠上角度向樹幹傾斜的枝幹，引導雨水如涓涓細流（Rinnsale）沿著樹幹往下導流。有時會發生水量洶湧，雨水如瀑布噴流灌注，直瀉樹幹根株，使樹下積水還有水灘上滿是泡泡。

夏天的降雨量經常不夠樹木解渴，也就是說它需要消耗到那些在冬天儲藏起來（因為冬眠，所以樹木沒有消耗水分）以備不時之需的水分。就算如此，水分若還是窘迫不足應付呢？

樹木具有非常優異的「水分收支管理」（Wassermanagement）才華，比草本植物更有本事。相對於被夏日艷陽曬得快要乾枯的花園與溫帶草原，樹木卻能藉由緊急關閉葉子上的氣孔調節水分蒸發，保留綠葉。可是當熱浪久久不走，樹木必須採取更嚴苛的措施：一部分的葉子就要被扔拋掉。樹木遭受強烈乾旱期的乾渴之苦，樹葉只好紛紛落下。我們能從以下的敘述症狀看出落葉現象是因乾旱，並非是樹木生病所造成：落下的葉子上只見部分被染黃（明顯少於一半的葉面），而留在樹枝上的葉子仍保有完整的綠色。雖然黃色的葉子會紛落而下，但只要雨一來，就隨即停止落葉。這與在夏天結尾的情況不同，此時，樹木是因為生產儲存了足夠的糖液，樹葉熟黃是為了收拾行囊準備好過冬，才拋落所有的葉子（這當然不會在八月底前發生）。

樹木因緊急落葉必然被削弱整體力量（樹木這年的年輪也會因此比較細），剩下的夏天只有更少的「太陽能電池」（Solarzellen）❷能夠提供服務。不過，終究樹木還是撐過乾旱期活下來了。

樹木會經由歲月累積學習如何適當的控管水分。研究已證實，跟那些養尊處優的樹木相比，常常要經歷乾旱的樹木在水分調節上節省很多。因此當乾旱來臨時，生長在水分總是充沛地區的樹木也是最先凋零乾枯而死。相反的，耐餓，也就是耐旱樹木，因節約用水能忍受經年累月的乾旱期，乾旱過後也還是身強體壯、毫髮無傷。浪費型的樹種有時為了保命也會留下標記，特別是那些需水量特多的樹種；樹幹常在乾旱階段形成好幾公尺長的撕裂傷口，看起像是被雷擊打到的裂紋，事實上是為過去的粗心疏忽，不擅理「水」所付出的代價。

譯註

① 指樹木對雨水（或是下雪）的水分截留數量，是探討降水經過樹冠後水分再分布的重要數據，可以從穿落水、幹流水及樹冠截留水量估算雨水截留損失（Interzeptionsverlust）的水量，對水利與水的周期循環影響很大。

② 指的是樹葉。

樹液輸送中斷

樹木中的物流運輸綿延不絕：當水分與礦物質從木質部（只有在年輪的最外圈，內圈年輪已經停工）從下往上輸送至樹冠時，糖液與其他美味佳餚會從樹葉經樹皮內層往樹根向下運輸，因為住在地下室的樹根與真菌也需要營養照料。所以被環切的樹木通常在幾年後才會死亡，因為在樹木中，水分和養分輸送是分開的。我們在第八章「樹皮：樹木的靈魂之窗」一文中所提，環切指的是將樹木環狀剝皮，這種做法並沒有如你所料會切斷樹葉的水分供應，因為水分可繼續從木質部向上運輸，根系才是會被環切影響的部分，如果樹根沒有辦法得到營養，只能一直吸收之前存在根部的養分苦苦支撐。若是有兩棵在附近同樹種的樹木變成了好友，另一棵樹木可能還可以幫受傷的樹木一把。受傷的樹木需要幾個月的時間把環切的傷口重新修補連接，在這段期間，它的好友可以透過根系連接生長，以供給它所缺乏的營養。

有時樹液輸送受到干擾，大部分的情況都是因為動物入侵或真菌感染。我們可以根據以下的跡象判斷：若從樹皮處滲出汁液，不管水分或是樹脂，都表示樹木已經生病或受傷。基本上，沒有一棵樹木願意「交出」任何光合作用後的產物，許多昆蟲恨不得只靠這種含糖的果汁過活！只是很可惜，蟲兒常被樹皮裡的防衛物質擋了去路。

不少針葉樹用樹脂灌入搗亂者為入侵而鑽開的孔道，活活淹死它們。

對於已經病虛殘弱的樹木來說，用樹脂防禦外敵有點力不從心，一旦讓小蠹蟲得逞、進入樹皮內部，接著它又會送出「氣味訊號」傳給其他小蠹蟲。隨後，幾百隻成群結隊的小蠹蟲饕客飛來享受盛宴，等於是敲響病木的喪鐘。

我們可以很容易在針葉樹上看出，樹木抵禦病蟲害入侵成功與否：當樹皮上布滿樹脂滴液，表示樹木已成功地用樹脂淹死入侵者。相反的，若樹皮上有著清晰可見，約幾厘米大的微小孔洞，以及樹皮上不斷落下被蟲蛀食的鑽屑樹粉，表示這棵樹有百分之九十五的機率已被判死刑。

生病的葉子

整棵樹木帶著蓊蓊鬱鬱的樹冠其實並不常見-因為只要生物能到達樹冠的高度，就會待在上面大啖樹葉大餐。這些生物中，除了草原上放牧的牛群或是歐洲馬鹿（Hirschen）能啃食離地面最高兩公尺的樹葉以外，就一定要是老練的爬樹或是飛行專家，才有辦法登上樹冠用餐。因此大多數在樹冠覓食維生的動物都是一些昆蟲，特別引人注目的是癭蜂科的昆蟲，牠們的幼蟲刺激葉子周圍的組織生長，形成美麗的圓形或是水滴狀的「蟲癭」，靠著「蟲癭」的保護，幼蟲在裡面大吃樹葉組織並在癭中化蛹。蚊子或癭蜂是典型的蟲癭始作俑者，牠們大部分生命都在葉子裡度過。癭蟎卻是天生的藝術家，常躲在葉子上的小小紅色疙瘩裡。這時我們不禁要問，樹木的生長有因此受阻嗎？一點也不，樹木會持續健康又精神百倍的生長，不受這些不請自來的不速之客影響。

讓樹木感到比較苦惱的是愛挖路徑，屬「煤礦工人型」的昆蟲。牠們的幼蟲通常微小又扁平，喜歡潛伏在樹葉內部啃食出一個「洞穴系統」，讓樹木失去一大片能進行光合作用的樹葉面積。七葉樹潛蛾（Kastanienminiermotte）是典型代表，牠們很有可能是從亞洲被進口到歐洲。飢餓的噬食者雖無法損害健康強壯的七葉樹，但七葉樹已遭受蛾害、被削弱了免疫力與抗病力。

橡樹捲葉蛾（Eichenwickler）對待樹木更加無理粗野。牠的名字雖然有「橡樹」字樣，但這種捲葉蛾類除找橡樹麻煩外，也會找上其他樹種。有時捲葉蛾產下大量蟲卵，孵出的幼蟲會把整個樹林啃得精光。上百萬隻蟲兒落下的排泄物如毛毛細雨發出沙沙聲響，令人倒盡胃口，捲葉蛾會使整個受災林區在六月天時，看起來光禿如冬日寒林。不過樹木會再次嶄露生機、冒葉出枝，不會因捲葉蛾受到永久的傷害。只是若我們將此樹製材切片時，可以由特別細的年輪看出這一區的樹木曾集體遭受到嚴重的蟲害。

當你看到所有的樹葉或針葉同時枯萎凋謝，表示樹木已走到生命的盡頭。不管是不是真菌或是昆蟲等壞蛋做的壞事，葉子枯萎表示樹木很明白的告訴我們，它的所有器官組織已敗壞崩潰。

枯枝

樹木會一年又一年長高並長出新枝幹，自然會遮住樹幹下方老枝幹的光線。所以，樹冠下方的樹枝掉落死去是必經的正常過程。若樹冠上方有枝幹死去，表示樹木的健康狀況處於一級警報的狀態。因為樹冠區是樹木最生氣蓬勃的區域，枝椏在這裡正欣欣向榮，旺盛生長。樹木在健康的狀態下，會是樹冠下面最年長粗大的（因為這個樹枝已經生長好幾年了）枝幹先枯萎死去，生病的樹木卻是樹冠上方最細小的分枝先凋萎，直到粗大樹枝上所有的小枝都凋落後，這枝粗大的樹枝才會接著枯萎死去。所以若在樹冠處看到掛著的粗大枯枝，顯示樹木生病已經不是一天、兩天了。

尤其是闊葉樹種生病虛弱時，經常看得出上層樹冠的生長退化，長在最高處的樹枝漸漸地枯萎死去，當下一波溫帶氣旋來時，枯萎的細枝會被風雨打落，樹木的身高雖然比以前稍微矮些，但整棵樹木看起來仍是康健如常。然而這是遮掩事實的假象，事實上在接下來的幾年中，枝椏消退的劇碼會不停的上演：樹冠高處的樹枝會不斷枯槁而死，並被冬季的溫帶氣旋打落。如此歷經幾十載，樹梢頂處一直往下降，直到樹冠的大小與它的樹幹和樹根不成比例，以致樹木總是感到飢腸轆轆，處於飢餓狀態。

造成樹冠上樹枝漸漸死去的原因無以數計，花園裡的樹木若有此病徵，原因通常都藏在土裡，無法一眼看穿。我們只要回顧一下這塊地在變成住宅前的土地利用歷史，就可以知道是什麼原因讓樹木生病：以前這裡是不是有蓋過房子，人們把拆除房子後的殘磚碎瓦留在原地只用泥土覆蓋起來？一旦樹根長到觸及瓦礫層，樹木必將飽受驚嚇之苦。因為當樹根每遇有害物質、洞穴，或是水泥碎塊，經三番兩次不斷的嘗試卻無法好好的生長根系時，樹冠也會跟位居地下室的樹根一樣受到驚嚇，便會生長退化、高度降低。

上層樹枝枯死最常見的肇因是空氣汙染。但矛盾的是，長在空氣清淨區裡的樹木受害。原因是街上產生的汽車廢氣中，含有大量的氮氧化物，氮氧化物接受陽光紫外線的照射後，分裂成有毒的臭氧氣體，這些臭氧又與汽車其他廢氣互相反應。所以在受到汽車廢氣汙染的地區，這些有害物質不會對樹木造成危害。但這些有害氣體若隨風飄散到鄉間田野，由於汽車廢氣分解形成的臭氧會在空氣特別新鮮的地區滯留數日之久，因此損害了在此生長的樹葉和脆弱得像是偵測臭氧汙染天線的樹梢。

假如一年內有濃厚臭氧時間不長，樹木還能忍受。只是，特別在晴空萬里的盛夏時，臭氧常久盤桓不去，整棵樹木就沐浴在臭氧中一樣，會使得樹冠頂端的樹枝提早除役，枯萎死去。

當粗大的樹枝突然枯死時，原因只有兩個：一是樹枝已經斷裂（所以樹枝當然會很明顯的下垂掛在樹上），或是樹木正與猛烈進攻的感染病菌奮戰中。

以果樹的梨火疫病❸造成的枯枝為例，是一種從歐洲以外地區傳進來的細菌感染。蘋果樹或梨樹被染病後會漸漸死去，病徵是變成咖啡色的樹葉，掛在捲曲的枝椏上漸趨枯萎。更可怕的是，病菌會快速傳染，造成一棵接一棵的帶病果樹，就算想防治也無濟於事。此時，如果還有辦法，只有用通常會被大力批評的手段處理——剪除果樹大部分的枝條——還可能有一點治癒的希望。

有些特定的果樹品種特別容易染病，有些卻似乎能夠保持非常好的免疫力。你還

譯註

③為梨樹、蘋果樹等薔薇科植物上，最具毀滅性的病害之一，是中國重要的進境檢疫對象。梨火疫病菌的長距離傳播主要靠不同地區間繁殖材料。梨火疫病最早發生在北美洲，隨著水果貿易等人為因素傳播到世界其他地區，對當地的生物多樣性和經濟帶來極嚴重的威脅。

果樹品種愈缺乏多樣性，樹木疾病愈容易擴散。

記得前面提到的：每一棵品種的果樹幼苗都來自一棵母樹，它們都是從同一棵植物身上分出來的插條。若是蘋果「Cox Orange」比較容易得病，那嚴格來說，幾萬棵用蘋果「Cox Orange」插穗嫁接的樹木都很容易受到感染囉？沒錯，這就是為什麼梨火疫病能夠感染這麼多果樹的主因。樹木原本有著漫長的繁殖過程，上一代和下一代有著非常大的時間差距，用非常大的性狀差異當作它的生存策略。這些特徵在人類開始用人工嫁接的方式把一小部分的蘋果品種接穗到滿山遍野的蘋果樹上時就消失了。其實這麼做的原因是可以理解的，身為買主當然想知道為花園新買的果樹結果後，嚐起來是什麼滋味，產量高不高。不過在人類種植的品種中還好有少數幾個品種對梨火疫病有抵抗力，像德國萊茵地區的波歐蘋果（Rheinischen Bohnapfel）❹基本上完全不受到任何損害。過去有著基因多樣性的野生蘋果和野生梨樹經過基因交換重組，產生數十萬種不同品種的果樹，而今日經過人類嫁接培植的果樹，嚴格說來只剩下幾百種不同品種。所以保存品種的多樣性變得更為重要，畢竟我們希望未來如果有什麼新的天災疾病，果樹還有辦法抵抗反應。所以我想建議大家種植果樹時要注意：如果花園夠大，盡可能選擇栽種各式各樣不同的果樹。比如所有屬於薔薇科植物（Rosengewächsen）的果實都有果核，它們都會被同樣類似的病原感染，因此你要種一些堅果類的核桃樹、歐洲栗樹（Esskastanien），或是有異國風但又堅實的樹木，巴婆樹（Indianerbanane，*Asimina triloba*）等樹木都是可考慮的好選擇。

曬傷的樹皮

基本上，太陽不會對造成樹木任何問題，對樹木來說，畢竟太陽的日光就像你每

譯註

④ 德國萊茵地區的波歐蘋果，屬於德國冬天蘋果品種，意思是指蘋果成熟於德國的秋天，大部分在十月到十一月，在收成後必須存放兩個月才可食用。這個品種是在西元一七五〇年到一八〇〇年在萊茵地區被發現，之後被選為德意志聯盟的主要蘋果品種，至今為德國萊茵蘭－普法茲邦最常見的蘋果品種。

天的必須品——麵包——一樣的重要。

樹木不僅個性穩重、反應時間長，也不愛有任何改變。它們把自己安置在一個適宜居住的地方後，就期望生活環境不要再有任何變化。在以前原生林內，環境有可能是緩慢沒有變化的，然而現今原生林已經相當稀少了。如今不管何處，無論花園或是森林，到處都是人類經營管理的範圍。這種改變並不在樹木的預期之中，所以當某天身邊的同伴突然被砍伐，樹木會感到十分訝異。花園主人或許深信這種做法可以給予保留下來的樹木多一些光線與空間，但這個舉動事實上反而會使樹木的生存環境暫時變得更加惡化。此時的樹木暴露在人類特意創造的全日照下，被烈日痛苦地折磨著。因為它的皮膚，就是樹皮，根本無法忍受未過濾紫外線（UV-Strahlung）的直射。樹皮被曬傷的後果就跟皮膚蒼白如洞螈（Grottenolme）的沙灘度假旅客一樣，第一天坐飛機一到目的地，就盡情的在沙灘上做日光浴，到了晚上才發覺全身曬傷燙紅，帶著紅腫刺痛的皮膚，躺在床上無法入眠。

樹木跟人相同，也會被太陽曬傷。樹木的皮膚，也就是樹皮，被曬傷時不會變紅，我們只能在樹皮開始掉落時才能推斷它曬傷了。樹皮剝落可真是疼痛不堪啊！而且樹木跟人類不同，從此一生中它都得承擔被曬傷的苦果。因為曬乾剝落的樹皮使脆弱的木材部分暴露在外，這讓真菌樂得撲向樹皮中的新鮮美食。一旦曬傷，樹木常需要好幾十年才能把樹皮傷口修補包覆完成。就算最後所有的傷口都被封閉，樹幹內部腐朽的情況並沒有因此被抑止而持續擴散。

只是樹木其實不是那麼容易被曬傷，如果從一開始它就長在開闊空曠的地方，自然就會長出厚實的樹皮自保，不受紫外線的侵害。不過果樹苗就有些嬌貴柔弱，它們的砧木（接穗嫁接於上的樹木）有時在冬天溫暖出太陽的日子裡，會因日照出現裂口。基於這個原因，果樹樹幹常會被刷上一層如防曬乳霜的石灰。

樹葉曬傷的情況也與樹幹大同小異。樹木若長在其他樹友的蔭鬱下，因得到的日照顯然較少，所以在這個情況下，正常的樹葉無法生產足夠的糖分，便會形成特別的陰葉或是陰葉針葉。陰葉比一般葉子更加柔嫩，感光力更佳，這就是為什麼樹木只靠樹梢陽光的百分之三日照就可以存活，只不過沒辦法有著顯著的成長（純粹就是林下葉層）。

現在我們突然給位於林下葉層的樹木充足的日照，而將它的鄰樹砍除，那麼它的樹葉將被太陽曬傷轉黃。如此一來，這棵樹木大概需經過三年才能從這個「日光驚嚇」中復原，並長出外皮比較厚的葉子。

所以如果想要讓樹木享受更多的空間，必須小心翼翼一步一步來。若是需要移除的樹木不只一棵，你就應該先移除其中的一棵，或是將遮到光線的那棵樹木的側枝先稍加修剪即可。如此循序漸進讓光照漸漸增強，樹木也能夠緩慢適應日照環境的改變，它除了能長出厚實的樹葉之外，也形成更結實的樹皮以防曬傷。

上細下粗的「大腳」

有些比較高壽的樹木會突然在短短幾年間，在樹幹離地一公尺處開始快速變粗。在這個高度的樹幹樹圍會明顯的比其他部分增加得更快，這樣一來，樹木便長成如瓶狀的身材，造成這般奇特行徑的原因，其實是一場生存競賽：透過傷口或是一根枯死的粗大樹枝，讓真菌趁虛侵入慢慢腐朽樹幹內部。當真菌生長速度快過樹木形成最外圈年輪的速度，終有一天真菌會擴散到樹皮，樹木就容易攔腰折斷。

只是這個植物巨人絕不會輕易俯首認輸，它能感受到樹木內有著不請自來的訪客正威脅著樹木自身的平衡，於是它在此處便再度竭盡全力快速生長。樹木會先在遭菌害的部位盡快產生木質部，因此導致那區域的年輪變得特別寬。這樣用盡吃奶力氣生長對抗真菌的策略，還真的能經常發揮成效，真菌腐朽的速度與新增的健康木質細胞速度至少維持在一個平手的局面，樹木不會因此而健康失衡，只是它付出的代價就是長成一個膨脹鼓起的「大樁腳」。

溫帶氣旋的損害

德國在一九九〇年發生的溫帶氣旋事件讓我記憶猶新。那年的二月底來了兩股溫帶低氣壓：「薇薇恩」（Vivian）與「威柏科」（Wiebke）咆嘯橫掃德國。當時我正患重感冒癱躺在客廳的沙發椅上，正巧從我們租賃的居所往外觀看屋前的溪谷，一道特別強勁的颶風從山丘上橫掃過來。一瞬間長在溪谷裡唯一的一棵蘋果樹像有人把雨傘收起來一樣，立刻倒地不起，同時間，在人工林邊緣和上方幾千棵的雲杉也紛紛斷裂而倒，這般景象恐怖至極！

樹木對於對抗這種天災完全束手無策。其實大部分的樹木都能禁得起強風考驗，挺住站穩。在受風害傾倒和毫髮無傷

呈現瓶狀生長的樹木，代表樹幹內部受到有害真菌的感染。

之間，有輕傷到藥石罔效之分，而樹木受傷輕重的分別在於，哪些傷害是樹木可以自行修復，哪些傷害是時間一久就完全沒救了。

溫帶氣旋帶來的傷害中，最常見的還有花園裡樹木的粗大枝幹斷裂。除了樹木喪失很大部分的綠色樹冠外（能生產的糖分相對也減少很多），真菌也將在傷口處伺機等待攻擊。若想幫花園中的樹木解圍，讓傷口快些修補包覆起來，可以將枝幹的斷裂處鋸平整，使得傷口面積變小。有時就算整個樹冠被風吹襲折斷，依樹種的不同，並不代表就是死路一條，特別對闊葉樹而言，或是連崖柏、落葉松、花旗松等針葉樹，也能在來年的夏天冒出新枝枒，然後慢慢長出新的小小的樹冠。

樹根根系是樹木受風害後能夠復原的主要根基，相對於受傷殘存的樹冠部分，整個根系比例對樹木來說顯得過大，但在根部因此也存有多餘的養分。至於受傷的樹木是否能完全療癒，其實是決定於樹冠萌枝的速度。若萬事順暢，無往不利，樹木很快的就可再度生氣蓬勃，具有抵抗力。若樹幹上的新枝稀少彎曲，生長委靡不振，這樣一來，也無法供應足夠養分給粗大的樹幹與地下根系。結果部分樹皮陸續剝落，真菌侵入暴露在外的木質部而使樹幹腐朽衰敗，樹木更無法遏止死期來臨。

小小樹冠的唯一好處，就是變矮樹木的根部所受到因槓桿作用而產生的拉力減輕許多，樹木再也沒有被強風傾覆的風險。因此假如你的花園裡也有一棵受到風害變矮、漸漸死去的樹木，就讓它靜靜地在花園裡長眠，大自然常常都是失之東隅收之桑榆：枯死還立著的腐朽木卻是許多昆蟲與鳥類棲息的最佳場所。

接下來還要討論一下風害會造成樹幹傾斜的問題。要瞭解此問題前，你要多多認識家中的樹木，畢竟不是所有樹木都是筆直生長。樹木受溫帶氣旋摧殘後，即使只是向旁傾斜幾公分，可能已經具有危險性，因為有部分的樹根可能已經沒有固著於土中。樹況是否真的如此，只要去花園裡繞樹木一圈，就可看出樹木透露出的一些蛛絲馬跡。

在樹冠下繞樹幹周圍一圈，並到處在樹根根系範圍的土表上踏一踏，踏觸時，若某處土表下陷幾公分，或是泥土突然不正常的黏稠有彈性，這就是樹根已經沒有緊抓土壤的跡象。若在樹木附近有房舍或是樹木傾倒會受影響的設施，你便應立即砍除這棵樹木。此時萬一仍有人認為樹木連強風吹襲都挺過來了，怎麼可能一經較弱的陣風拂過，就有傾倒的風險?!你要瞭解這真是天大的錯誤！因為只要一陣從另一方向吹來的蕭瑟狂風穿吹樹冠，這棵稍微已經受傷、根部沒有抓地力的樹木，一定馬上就傾倒不起。

不過，如果樹木附近並無任何建物物體，你倒可試著拯救樹木看看。對此，必須先減輕樹幹的負擔，方法就是鋸掉傾斜樹冠那邊特別長又粗大的枝條，只要切除時不

強度的溫帶氣旋對針葉樹樹種的威脅最大。

要太靠近樹幹，真菌的危害限度還能在樹木能夠控制的範圍。即使只將特別粗大的樹枝修剪幾公尺，就能夠減輕樹木大部分的負擔。由於這種剪枝工作相當危險，建議還是由專業砍伐公司執行，專業人員是擅長修剪樹木的好園丁，修剪樹冠時，能兼顧樹木的美感，並將對樹木生長的影響降到最低。同時這項修剪措施也給樹木好幾年的時間休養，好讓根部固著力減弱的那一邊樹根再次落地扎根。

最後一種的樹幹損傷已無任何搶救措施能派上用場，那就是樹幹裂傷。樹幹裂傷常發生在雙主幹的樹木或是長成香蕉狀樹幹外形的樹木上，這些樹木在遭強風襲擊後，會在樹幹形成數尺長的裂口。

強度的溫帶氣旋常發生在樹木已經安詳地進入冬眠後的隆冬時。如果樹幹在冬日這段期間裂開，等到夏天時，樹木便會在此時走到生命的盡頭。因為夏日時，樹上掛滿了綠葉，一旦遇猛烈的雷陣雨，整棵樹的葉子將負載幾百公升的雨水，此時已受損的樹幹再也無法忍耐承受增加的重量，便會從裂口處裂開。這時樹木若正好長在住家附近，你千萬別冒險，種在花園的樹木樹幹一旦裂傷，即意味著死期不遠了。

樹癌

癌症這個妖魔鬼怪也在樹木界胡作非為。引起人類致癌的因素無以數計，而樹木產生樹癌百分之九十九的原因，可以確定的多是由於真菌引起。其實植物得癌症的情況與人類相同：病發前的生活方式扮演著舉足輕重決定性的角色。一棵身心平衡的樹木絕不會生病，它有充足的光源與空間，有完整的生活圈，並在適當的土質中扎根繫固。因為會引發樹木生病的真菌只能經由樹木的外傷入侵，同時真菌也要等到樹木已無法盡速修補包覆傷口的時候，才有機會以摧枯拉朽之勢進入樹木內部。這也是我們前面已多次提到的生死競賽：當真菌進入樹木的那一刻，拉鋸戰就此揭開序幕。

大多數的樹木易於在秋天受到病菌感染。此時的樹木已準備進入冬眠，若受真菌入侵，它已沒有反應的能力。等到來年春天時，樹木才知覺已受到感染，並開始在傷口增生細胞組織隔離真菌。有時候真菌能成功的突破防線，導致樹木慌慌張張的趕緊生長新的細胞修築第二道防禦線。若樹木體弱，無法成功擋住真菌，這樣的攻防戰就會一而再、再而三的重複上演，隨著時光流逝，結果形成了一個內部包著不斷繼續擴散繁殖真菌的巨型樹瘤。因為樹幹內部已經腐朽，而使得木質纖維的走向非常不規則。這種樹瘤的傷口經常是潮溼的（在針葉樹上總是流著很多的樹脂），所以遠遠就可看出樹木的病徵。癌症帶給樹木失去穩定性的致命後果。癌瘡（Krebsgeschwür）生長處也變成樹木致命的弱點，當樹幹遭猛風吹襲後，會容易從此處攔腰折斷，樹木因而喪命。

有時樹癌從樹枝處開始發病，同樣的，也是在被襲擊發病的地方長出瘡瘤。這時需將枝幹切除並燒毀，免得哪天連樹幹也遭受到感染。不過如果樹木已經生病，就得趕緊行動，將感染的組織挖出移除，樹木或許還可能修補包覆傷口再次回復健康。記得切枝後隨即在切口傷處抹上封膏藥劑，免得這棵樹木又因為「普通」的腐朽病菌喪命。若是癌瘤已經很大，真菌已經腐朽樹幹裡外，而樹瘤的直徑已超過樹幹直徑的三分之一，那你實在也無法再為這棵樹木做任何的補救。或許可以加強它的免疫力，將秋天落葉留下並覆蓋在根株上，當極端乾旱時常常澆水，同時也放棄修剪枝幹（已染病的枝幹例外）。

當傷口暴露在外又潮溼不堪，而樹木腐朽的情況已經到無可救藥的地步，終有一天，基於安全理由砍除這棵病樹是不可避免的。

「融雪鹽」的影響

雖然氣候改變，愈趨暖化，每年嚴冬，大雪仍是定期報到。為了保持道路行駛與行人路道能夠行走，全德每年視各邦天候狀況，撒用超過三百萬公噸的融雪鹽。為了撒鹽，需大費周章出動大型撒鹽車進行噴灑，只是這些鹽最後通常都被「遺忘」。因為融雪鹽將隨著融雪被雪水融解，無法再度收回。若是含著較高鹽度的雪水直接流入下水管道，融雪鹽並不會造成任何問題，因為在這些雪水還沒流入河水之前，已經被雨水稀釋了。但是融雪鹽被投撒於道路後，隨著車輛穿梭行駛，路面的浮沫水泡飛濺至道路護坡與路肩，鹽水再滲進至路邊植物生長的地區，或是人行道上所溶化的雪水鹽度較高、汙染了一旁綠化區的土壤，這些情況都會使行道樹因融雪鹽而倍受威脅。

為了評量鹽度較高雪水的危險性，必須再回頭探討一下樹根。樹根根部由真菌絲和根毛交織成如棉絮般的網絡，專門負責吸收水分，其原理是真菌絲和根毛內部，因營養液和糖液濃度比土壤裡的水分高，液體濃度高的真菌絲和根毛會像磁鐵一樣，把土壤裡的水分經過細胞壁吸收進入根系。如果土壤裡的水分因為融雪鹽濃度不正常地升高，導致吸收水分程序的逆轉：水分將從根系流失進入土壤。

你或許曾在日常生活中遇過，食鹽能自動吸收空氣中的溼氣直到結成塊狀。同樣的狀況對樹木來說，卻是險象環生：樹木會開始脫水。若正好來場傾盆大雨或溶雪後充足的雪水，還可以大幅沖淡並稀釋含鹽污水，使根系吸水過程再度回到正常，樹木能再度休養生息。但是如果土壤裡鹽度過高，樹木便會因此死亡。

受到鹽害的樹木外觀表徵與遇乾旱缺水枯萎的現象一模一樣，非常明顯也易於辨認。而接下來的夏天，樹葉或針葉因缺水而變黃，細小的樹枝枯萎死去，就算樹木能再次重新恢復生長生機，樹冠看起來會像是被剪壞頭髮一樣。若你的花園裡其中有一棵樹正好長在鹽害危險區域內，在早春逢乾旱時，用花園的水管好好地澆灌樹根，以防樹木缺水而死，更好的做法是把融雪鹽換成小碎石，用以防滑並促進融雪。

第二十一章 人為災害

科學家於上世紀八〇年代初就預言「森林末日」即將到來。因酸雨腐蝕樹葉與樹根根系，屆時只會剩下光禿禿的山脈綿延，留下空蕩蕩枯死的樹幹，讓我們緬懷過往茂綠輝煌的森林盛景。

人類對森林的利用從無間斷。近幾十年來因人口急劇增加，原生林的消失似乎只是時間上的問題，遲早都會發生。再加上人類急遽地改變氣候與環境，其速度與規模之大也改變了樹木的自然生活環境。我們與樹木互利互生，它們與我們共存並達到千年高壽，我們不禁要問，它們是否能忍受人類帶來的激烈變化呢？

狩獵制度的影響

狩獵制度在德語地區各國的形成實在是一場悲劇，其實狩獵制度的發展不該如此悲情，而應是可以合理的對待森林。一八四八年是民主起源的誕生，是狩獵制度改革的革命性年度，其中一項條款廢除王公貴族特權不許在佃農土地狩獵，改成所有佃農地主有權在自家的莊園內打獵。封建狩獵制度從此已成歷史；原本為了滿足貴族享受打獵樂趣而大肆畜養過剩的野生獵物族群數量，終能於改革後再度減少。

只是，這項竭力爭得的幸運好事歷時短暫。就在改革幾年後法令被廢除，佃農只允許約在一平方公里大小的區域內狩獵。同時佃農根本付擔不起狩獵地的佃租，短時間內，莊園的狩獵權再度交回原主：即佃農們的領主，當時的王公貴族。

接下來是自一九〇〇年開始流行的「戰利品狩獵」（Trophäenjagd）❶。這種狩獵方式有趣的地方是，政府每年都會舉行戰利品大會，評價獵人獵得的歐洲狍或歐洲馬鹿的威武雄偉鹿角，或是野豬的犬齒。光從統計數字看，每年為了至少獵得一隻高壯的歐洲狍，一隻雄偉歐洲馬鹿或是肥壯的野豬，這些動物族群的總量每種約需增加到一百隻左右。

這時森林也被迫參與到這種戰利品狩獵之中。通常每平方公里的天然林，只有一

譯註

① 「戰利品狩獵」運動起源於歐洲貴族，延伸到非洲的白人殖民者，他們認為獵取野獸的頭顱或犄角的狩獵才是高級的。獵人的目的並不是獲取獵物並出售，而是享受狩獵、追逐的樂趣，並將獵物作為紀念品，製作成標本永久保存。

隻歐洲狍在其間跳躍，歐洲馬鹿與野豬在老山毛櫸林與老橡樹林內更是少見。假如現在有位獵人只有二至三平方公里的承租狩獵區，依正常天然野生動物的族群密度，根本不可能有機會獵到任何動物，更不用談獲得聯邦政府核准，可以拿來掛在居家客廳牆上的狩獵戰利品。所以獵人會用飼料餵養野生動物或特別保護雌性動物以增加野生獵物的數量。這項行動執行得相當成功：平均每平方公里約有三十至五十隻歐洲狍漫步林中，其中還加上至少有十到二十隻野豬，同時視不同區域還有十隻歐洲馬鹿來加入。這樣的族群密度是天然野生動物正常族群的五十至一百倍。而狼群（Wölfe）與大山貓（猞猁，Luchs）早在幾百年前就被獵人趕盡殺絕，如今獵人還使用非法獵殺的手段阻止牠們重返林區。

這種形式的「狩獵練習」比較像畜牧飼養，只要看一看森林裡的飼育情形就會更加明瞭：經人類工廠品質控管的玉米、燕麥、蘋果、剩餘麵包，或甚至於果仁糖等，都被當作餵食野生動物的飼料。就連看起來好像對野生動物的數量增減沒什麼影響，只是立幾個鋪著稻草的飼料槽架在森林裡，也介入了干擾自然的平衡，讓這些動物的數量增加。獵人運進森林裡的飼料量之高，與把動物飼養在牲廄裡的飼料用量根本不相上下。但獵人對外卻與反對聲浪意見一致，同調齊唱，一同抱怨野豬及牠們對花園前庭與葡萄園的破壞。而官方的說法也把環境變遷、氣候暖化造成的暖冬效應，以及農業玉米種植過量，當作是野生動物數量增加的理由。

歐洲狍與歐洲馬鹿有充足的食物，是為了避免牠們的數量減少，這一點我們可以從政府野生動物造成的車禍統計中看出，在統計中，歐洲狍因車禍死亡的數目，比實際上大自然在不受人為干擾下允許生存的歐洲狍數量還要多。

人工餵食野生動物對森林造成嚴重的影響。冬日將近尾聲時，歐洲狍及其他的野生動物都感到不可遏制的異常飢餓。這種冬日飢餓的現象有科學研究可以解釋，不過聽起來有點自相矛盾：通常草食動物在嚴寒冬日都有冬眠的習性，有些動物的體溫甚至下降到二十度以下。若在這時期餵養牠們，牠們的體溫會因消化食物上升，新陳代謝率也急劇高升。冬日餵食野生動物反而讓牠們變得更為飢餓（審註：因為新陳代謝增快，反而更容易餓，要是一直沒吃東西，新陳代謝緩慢，反而比較不餓），表示若要餵飽一隻歐洲狍，牠每天必須吃掉一公斤半的食物，而這些美食正好是指闊葉樹的葉苞。身形矮小的樹木是牠們容易啃食的目標，最肥美營養豐富的葉苞是在枝頂的頂芽，只要歐洲狍一口咬掉頂芽，這些小樹也活不久了（審註：因為頂芽負責生長，樹木長高的方式只有頂芽會長高，其他地方都不會）。

每平方公里的狩獵區內，若只有一隻歐洲狍出沒，對森林不會造成任何問題，但若是五十隻甚至更多歐洲狍在森林裡生活，對森林將是一場大災難。所有的樹木幼稚園都會被啃食得光禿禿，這就是為什麼德國境內闊葉樹森林無法自然繁殖的原因。用築籬圈圍森林以便防止飢餓的草食性動物啃食森林中的橡樹或是山毛櫸幼苗，就是昭告啃食樹苗的野生動物數量增加，讓闊葉樹無法天然繁殖的悲慘事實。為了應對這種情況以便維持林相的補救辦法，從過去到近一百年來，人們選擇栽種愈來愈多的針葉樹，因為它們如森林中的蕁麻草（Brennennesseln）與薊草（Diestel），並不合野生動物們的胃口。

幾百萬年來，草食動物從未危害過土生土長的樹種。證明這點最明顯的跡象就是德國本土樹種沒有演化出帶有毒素、帶刺，或是任何一種防禦草食動物啃食的特徵。相對的，如黑刺李（Schwarzdorn）、玫瑰，或毛地黃（Fingerhut）等溫帶草原植物，為了保護自己與草食動物抗衡而發展出防禦的能力。但是高密度大量的「啃食敵軍」對樹木適應能力來說，完全應付不暇——樹木非常長壽，樹木的世代差距非常大，這兩個特點在面對如此高速的環境變遷，只會讓樹木陷入大麻煩。

雖然這期間法律已規定減少野生獵物的數量，同時野狼與大山貓也受到嚴格的保育，然而任何一個在田野間或是森林中狩獵的獵人根本沒有認真遵守法條。公家機關的監管渙散並且毫無公信力，法律制裁寬鬆馬虎，所以我們將希望放在未來，希望掠食性動物能夠再度接管森林。古蘇聯有句有理中肯的諺語：「狼到哪兒，森林就長到哪兒！」

外來移民

大部分中歐地區的林木都經歷了天翻地覆的變化，說得更具體一點，就是那些遠離家鄉，被迫生長在陌生環境下的樹木，其中有三分之二都是針葉樹，而在過去的中歐地區，針葉樹除了少數的例外，幾乎看不見它們的蹤跡。

如今這些人工針葉林被栽植於過去的闊葉天然林中，顯得體弱多病。然而森林並不是只由樹木所組成，如之前章節的說明：還有一系列的其他生物都屬於森林這個自然複合生態系統！不管從真菌、細菌，彈尾蟲與蜱蟎蟲，到鳥類及哺乳動物，樹木周圍環境的其他生物，對於保持樹木的健康都是何等的重要，我以一個發生在北美洲、聽起來有些玄奧深妙的例子，說明自然複合生態系統：一些研究人員應用基因分析法研究位於加拿大西海岸區的老針葉樹樹幹。科學家驚訝的發現：他們竟然在樹幹裡發現來自鮭魚的分子。但問題是鮭魚分子如何進入到樹木的樹幹呢？謎題的解答與當地的熊有關。

每年到了秋天，大熊從山裡河流中抓捕往河中洄游的鮭魚。大熊吃下肥美又富含

油脂的鮭魚並長出一層脂肪層以備度過即將來臨的冬天。這樣一來，每在一陣暴飲暴食後，熊隻總需要「上洗手間」，就隨地在森林就地解決。大部分來自吃下鮭魚消化而來的排泄物，正是土壤有機生物的營養來源，接著樹木再從經微生物分解的物質中取得養分。經過好幾年後，累積了大量的這類有機肥料。因此至今人們推斷，鮭魚的存在對北美西海岸大多數的森林而言，至關重要。

現在再回來談談針葉樹。它們遠離遙遠的天然家鄉來到陌生的中歐生態系統裡。雖然針葉樹在這裡的生長情況如何，有很多地方都還需經過研究證實，但我們可以猜測這些進口的針葉樹種被移民到這裡生長，一定還缺東缺西。你可以去看一下雲杉下的土壤土質如何？常常只看到咖啡色土表上被落下的枯萎針葉覆蓋。顯然我們這裡的土壤微生物對這種相當酸的異國餐完全沒有興趣（審註：針葉樹的葉子酸鹼值偏酸）。

雲杉等針葉樹種在它們的行囊中，也從北方帶了幾種伴手禮到中歐，其中一種生物是紅褐林蟻（Rote Waldameise）。這種昆蟲在中歐受到相當的關注與被保護，人們用鐵絲護罩（Drahthauben）保護蟻穴，預防蟻穴被破壞。為何這種螞蟻不是中歐區土產的昆蟲是很容易理解的：你曾見過蟻窩是用葉子蓋造而成的嗎？不，中歐地區是屬於闊葉林的地盤，如果紅褐林蟻是這兒土產的蟻類，那麼牠們的蟻窩應該不是用針葉，而應該是用闊葉蓋築。

跟隨樹木從外移居來此生態系統中的成員常常不會一起移民，而是中間有很大的時間差。幾年前，我被隔壁鎮的鎮長請去探看一棵在市府前的科羅拉多冷杉（Coloradotanne）。因為他們發現樹枝上有一種相當顯眼的昆蟲，樹下的地表被穢物弄得一場糊塗。原來這禍害鬼稱作「冷杉大蚜蟲」（Coloradotannen-Rindenläuse），身形比德國原生的蚜蟲大兩倍，全身烏黑，牠們顯然是隨著北美的進口物來到中歐，如今開始留居在適宜生存的公園樹上。

這就是為什麼外來種常常有著不易染病又強韌的名聲：是因為攻擊感染這個樹種的病菌和寄生蟲都還留在家鄉啊！現今透過全球化，這場遊戲變得像賭場輪盤一樣，森林裡的移民身上，無時無刻都有可能出現令人措手不及的不速之客。

有時這些進口的樹木也不會乖乖地待在被分配的地域裡，它們會肆無忌憚（藉由種子）往空闊地區四處遷移繁殖。假如中歐地區的老山毛櫸林還存在，絕不會發生外來樹種到處播種的狀況：因為在高大母樹下是如此的晦暗，讓任何其他的樹種都無法生存。

相對的在人工林區內常見的開闊地，會讓其他樹種有機可趁，並可快速擴張生長。比如從北美進口的野黑櫻（Spätblühende Traubenkirsche）常種在庭園公園。在林業上，野黑櫻完全沒有經濟價值，因為比起野黑櫻的原產地，它們在德國卻長得很像

灌木。如今這種樹廣泛擴散至東德及北德的松樹林區，數量之多已經使得其他的植物毫無生長機會。更確切的觀察結果，人為造成大量繁殖的野生動物，特別是歐洲狍與歐洲馬鹿助長了這個樹種的擴散。因為野黑櫻根本不合本土野生動物的口味，所以只有土產闊葉樹遭動物啃食，野黑櫻樹這外來客就這樣在沒有競爭對手樹木的環境下蓬勃生長。

大致上「當被引進的樹種因失控擴散造成生態問題，表示大自然已處於失衡的狀態」的說法是正確的。若你計畫在花園內種樹，應該事先詢問探聽一下所挑選植栽的樹種，是否會乖乖的待在你的花園裡。

森林退化

科學家於上世紀八〇年代初就預言「森林末日」即將到來。因酸雨腐蝕樹葉與樹根根系，到西元二〇〇〇年時，只會剩下光禿禿的山脈綿延，只留下空蕩蕩枯死的樹幹，讓我們緬懷過往茂綠輝煌的森林盛景。

現今我們已經知道這預言很誇張離譜，但這預言讓人們對環境可能滅絕而感到恐慌害怕，人類也因此做了不少改善的措施。空氣清淨法規的推行與裝設車用催化轉換器，使雨水的酸度計量幾乎下降到工業革命前的水準。森林從衰退中又再度欣欣向榮，林務單位也順水推舟澆息輿論對森林現況的興趣。

難道現在的森林真的再次恢復健康了嗎？這個問題不論在現在或過去，從來不是那麼容易被回答。先探討一下目前的現況：從十六乘以十六平方公里的區塊內設定永久樣區，樣區的樹木需接受專業研究人員評鑑，評鑑的重點是樹葉與針葉。觀察有多少葉子掛懸在樹上以及其健康級數。若樹冠有間隙或葉子顯得泛黃，就評級「生病」。這種評鑑法似乎非常簡單，是不是呢？前文曾經提過，健康的樹木比起已生病的樹木來說，較不容易受病害感染。比如德國的雲杉經常患病，與雲杉遠方的家鄉比較，這裡的氣候過度溫暖與乾燥。山毛櫸常被評為輕微生病，因它常受鄰居被砍除而受曬傷之苦，或是被沉重的伐木機壓迫到樹根。以上造成樹木生病的因素不在取樣的研究小組考量之內，其後果就是：生病的樹木雖被研究人員評估辨識，但真正致病的原由全都乾脆搪塞推給空氣汙染。

還有另一個現象會讓取樣說明報告更加嚴重地被扭曲。還記得在第十七章「樹木的年紀」中提過，當樹冠上端的樹枝漸漸乾枯死去，死去的樹枝將隨著下一次的強風來襲落下，而導致樹冠漸漸萎縮變小。生病的樹木也是如此消長：樹枝被特定的汙染物質汙染而乾枯萎縮，猛烈的強風吹落殘枝。當評估小組在強風後才展開評鑑，病樹看起來已比較矮短，但留下的枝椏看起來依舊健康，想當然爾這棵病樹會被誤判成屬於健康等級。

另一個干擾研究的變數是林務員。通常林務員發現一棵樹木生病了，在樹木還沒死去依舊具有經濟價值時，林務員就會請工人幫忙把樹木砍除。隔年考察小組審查取樣時，被砍掉的樹木會被旁邊的樹木取代，而它肯定比被砍除的樹木看起來更加健康（要不然林務員馬上就會將它一同砍掉了）。

這樣特殊的統計系統使森林損害的統計在某種程度上毫無意義，畢竟生病受損的樹木都會被砍除。不過目前的林相似乎比二十年前看起來更加健康，因空氣品質可確切量測，空氣的確比過往更加清淨。但仍存在以下的問題：比如從農業耕作與交通車輛產生的氮氣含量也就是氮氧化物（Stickoxide），它們來自幾百萬個排氣管、農肥車後噴出的「糞肥雨」，或是因畜牧業產生的排泄物（Darmwinde），還有農地噴灑的氮肥（Stickstoffdünger）。這些氮氣有一大部分又排放至大氣中——這些氣體隨著雨水落下再淋在樹木上，除了形成酸雨之外，還挾帶大量的氮落在樹上。這些不經意投落樹林的氮肥，對林木生長非常有幫助，會明顯地加快山毛櫸、橡樹、雲杉及其他樹木的生長，它們每年增長的高度與身圍比三十年前大約多了三分之一，所以林務單位的樹林成長表計算、木材砍伐收入計算標準，都必須隨著增大的樹身修改更新。

平白得到多餘養料的樹木表面上雖然顯得相當健康，實際上對它本身卻會造成反效果。因樹木將精力都用在竭力生長，相對的便沒辦法分配太多能量抵禦疾病。這就跟服用禁藥的健美健將沒什麼兩樣，雖然美肌壯如山，卻賠上了身體健康。再加上盛夏時因汽車廢氣而產生的高濃度臭氧。臭氧又稱為超氧，是比氧氣氧化性高的同素異形體，將會腐蝕針葉與闊葉。以上提到的汙染總和對樹木造成的影響與八〇年代早期的情況相同——森林退化——只不過今日造成森林退化的原因跟過去不一樣。

受空氣汙染物危害的樹木會把它的苦痛清楚的表現出來。剛開始它會先拋棄一部分的針葉或葉子，這樣的舉動很令人感到矛盾，因為這樣做會讓樹木損失更多力氣，無法補充能量。樹木會這樣做是因為樹葉已被腐蝕，在被腐蝕的樹葉還未完全死去前，樹木如在秋天一樣，會把儲存在葉子的養分回收，避免損失更多的元氣。這個過程在針葉樹上更是顯露無遺：一棵健康雲杉的枝條上大約有七個小枝，我們可以從它階層式、一層層的對稱生長看出小枝每年生長的情形。當雲杉每年新長出一輪小枝時，最底下、最老的那輪就會枯萎死去，松樹枝條上的小枝是三到四層，銀冷杉的話會到十層或更多。

如果針葉退落替換的速度比增長的還快，小枝的數目就會愈來愈少。這樣的後果會是：樹木的樹冠變得稀稀落落。同樣的情況也會發生在闊葉樹上，但因為浸浴在有害物質之中的樹梢，其上細小的樹枝會枯萎凋落，蓊蓊鬱鬱的樹冠也會年年漸趨消退變小。

有句林務員的諺語這樣說：「從一棵健康樹木的樹梢上看不見鳥歇息。」就是說樹木的枝葉（以及針葉）是如此的茂盛繁密，以至於動物能深藏其中，不見蹤影。

評斷樹木是否生病更簡易的方法是遵循樹木的生長走向，從樹根起往上，經樹幹至樹梢頂，再仰頭往天上瞧。若是健康的樹木，仰望時，從樹木的某一個高度起，你的視線就會被密枝茂葉擋著，看不到天際。反之，你若能從樹幹往上直接看穿樹冠的樹梢，就表示樹木已經體弱多病。

你家花園裡的樹木是否在持久的艷陽好天期間遭受了臭氧的傷害？它的損害可從樹葉顯示出來。盛夏時，葉子會染黃嗎？最後葉子還是呈古銅色嗎？或是針葉樹上的小針葉顏色是斑駁的嗎？臭氧會先腐蝕樹葉的葉面，在受到長期的臭氧損害後，葉背才接著出現腐蝕的情形。

身為花園主人的你對此已愛莫能助，隔年樹木雖將再度恢復，但臭氧的損害已削弱樹木的抵抗力，它不再身強體壯，有可能連同其他的因素而生病。

「發燒」的病人

目前環保政策最大的議題就是氣候變遷。氣候變遷使氣溫不斷上升，導致愈來愈多旱災，一直融化的極地冰帽與更加強烈的暴風使地球有如一位發燒的病人。為了達成氣候平均升高溫度低於兩度的限制，歐洲地區早竭盡心力採取特別的防範措施。然而這個規章措施究竟有什麼意義？請不用擔心，我不屬於任何反對這項氣候規章的陣營。只是我們更應該進一步來探討目前因氣候變遷因應措施對樹木有何影響。

其中生質能的密集使用對樹木有重要的影響。生質能發電廠（Kraftwerk）如雨後春筍般一座座的設置於地表，同時發電燃料的需求量也相當大。除了玉米（Mais）與油菜籽（Raps）等燃料外，木材變得非常重要。如此造成的嚴重後果：至今森林裡再生的樹木，還不夠應付產業木料的飢渴需求，若愈來愈多的木材供給生質能發電廠當燃料，木材供應不足的問題將愈演愈烈並更加難以解決。林務單位的解決方案為：將樹冠、柴薪，或殘枝敗幹等沒有經濟價值的木材公告為「潛在資源」❷，而且使用

譯註

② 潛在資源是指那些當前存在於某一區域，且將來可加以使用的資源。例如礦物油可能存在於印度的許多具有沉積岩的地區，但是要開採出來並投入使用，仍需要花費一定的時間，因而依然屬於一種潛在資源。

留在森林中的柴薪或殘枝敗幹愈漸稀少，使林中土壤貧瘠化，
同時生態系統正被持續的破壞著。

量愈來愈大。過去人們總愛聲稱，基於生態保護的緣故，應把這些雜亂卻又還有剩餘價值的殘枝根株留在森林裡，如今林務局卻公告了南轅北轍的使用規範。各縣市都想藉助燃燒這些被剁成木屑和碎木塊達到碳平衡。因為木料耗用使留在自然環境循環的生質能愈來愈少，進而干擾了脆弱的食物鏈，讓森林土壤所需的養料大失血，土質愈趨貧瘠。

人類認為燃燒樹木可以維持碳中和的嚴酷真相是：這個說法並不正確。迄今人們都認為樹木被燃燒加熱時所釋出的許多二氧化碳，正如它生長發育時吸入的一樣多，不管人們以木料燃燒或是真菌與細菌分解腐朽木而產出的二氧化碳，都會再度釋放到空氣中，不過這種想法是錯誤的。

歐洲大學聯合研究協會與一項定名為「Carboeurope歐洲碳」的研究計畫發現，森林會持續不停的「固碳」（Kohlenstoff）（審註：指森林能固定的碳比釋放的多），特別是古老的原生林能固定非常大量的二氧化碳。一直到人工長期經營森林開始，森林固定的碳比釋放得多這種能力才漸漸喪失，在一次次砍代育林的循環中，森林固定和釋放的二氧化碳總合才會常常掛零。

目前森林被嚴重剝削，對減緩氣候變遷沒有任何值得稱道的貢獻，相反的，人類竟掠奪爭搶所有的殘枝殘株，破壞那最後一點點的自然環境。生活環境受到破壞才是傷害樹木的幕後黑手，健康的樹木不會因氣候變遷手忙腳亂，無法應付。氣溫與降雨這些現象的變化，樹木原本就能夠也必須應付。因為在樹木四百至五百年的生命中，這些要素從來就不曾恆定維持過。

從各種樹木的擴散區域就能看出有多少種樹木能夠忍受氣候的變遷。從西西里島（Sizilien）至瑞典南方（Südschweden），都能見到我們家鄉的山毛櫸，也就是說它們能夠適應條件差異很大的地理環境。地球暖化的預言威脅著地球會有二至四度的升溫。根據最新的研究狀況，暖化對土生土產的闊葉樹種並不會造成任何問題。只有對從外地引進的樹種會有影響，因為中歐地區的氣候對它們來說，原本就過度溫暖。倒不如說氣候變遷對回復原生林相是一個機會，終於能夠減少人工大量栽植的雲杉、松樹及落葉松的情形。

我不建議林業或是園藝愛好者為面對氣候變遷，而改種喜歡溫暖環境的樹種。因為對許多樹種來說，酷寒嚴冬才是決定它們能不能生存的關鍵。平均氣溫增高並不代表酷寒冬日不再來臨，雖然這種氣候將愈來愈少見，但是有時仍會發生；當芽苞與樹枝不再是每兩年而是每二十年才被極冷的零下溫度凍死，這對樹木來說並沒有分別。

我有另一個明確的好建議，就是按兵不動。我們土產的樹種，不論是櫸樹、橡樹或是果樹，都已為未來的氣候變遷做好準備。非當地、外移而來的樹木，目前就已是問題重重，氣候變遷只會讓它們的處境更艱難。

滅絕

我們可以確定樹木是非常有韌性的生物。因為遭人類破壞造成的無數傷口，樹木都可自行休養恢復。可是樹木有著一個很少被關注的大危機，從另一個方面給樹木帶來極大威脅：基因滅絕。

自從人類開啟計畫性經濟造林，人類就開始選拔培植樹木。起初只培育想要的果樹，人們只選擇會結出碩大果實的個體後代培育，這種選拔育種的過程至少有三千年之久。若想要加速促進生長就運用嫁接技術，只將會結出優良品種的果樹枝條嫁接在別棵小樹上。這讓原本從幼苗長成大樹到開花的等待蟄伏期，以及果樹因培育出不一樣品種而讓人感到意外的狀況，都將成歷史。

人工育種和嫁接對野梨與野生蘋果樹卻會造成嚴重的後果。由於傳授花粉的蜜蜂無法辨識野生與人工育種果樹的差別，只會一棵接一棵的尋覓花蜜與花粉，不管果樹的品種。蜜蜂在一陣忙亂下把培植育種的花粉傳授給野生種的花朵，結果野生果樹的種子變成了雜交品種，對延續野生品種的基因完全沒有幫助。由於果樹的雜交混和（Vermischung）已持續千年，研究人員都一致認為中歐地區目前再也沒有純正的野蘋果或野梨。

至於其他的野生樹種有一天也會變成過去式，只不過不是那麼容易察覺。每個林務人員進行疏伐時，都選擇他們認為應該被砍除的樹木，在育林的前一百年，任何顯出瑕疵的樹木會被砍除，例如那些樹幹過於彎曲或有螺旋紋理的樹幹，有的枝幹太粗或是形成雙主幹的。總之，所有長得不適合製材的樹木都會被挑出砍除。只有在適合收穫時，長得最好的樹木可以繼續變粗生長，因為這樣的做法才能使森林經營的利潤最大化。對了，通常它們在收穫之前，還應該會再次繁衍結果，以便讓它優良的特質傳延後代。這種育林的方法與育種培植的手法如出一轍，沒有兩樣，即使大部分林務工作人員都摒棄這種說法，然而育林專業術語所說的「人工擇伐」，明明指的就是人工育種。

人工擇伐的後果

在過去每個樹木個體的基因曾經有很大的差異，性狀具多樣性基因譜很廣，經過人工擇伐後，差異會減低，多樣性減少，也導致樹木適應環境變化的能力變差。這種後果經由人工育苗會更加嚴重：育苗不可或缺且用來傳香火的種子，在專業林場只能用來自國家認可林區內樹木的種子。這些樹木能獲得國家認證的原因，只不過這些樹木具有會結很多種子，並具有人類想要性狀的特徵。

從自然的觀點來看，這些樹木的基因特別單調乏味，而且已經喪失部分的特定性狀。幾百萬棵人工選種的樹苗已經被種在森林裡，這些性狀單一的特選種已經威脅到不同林區的樹木。

生長在哈茨（Harz）山區的山毛櫸與在黑森林區或是北義蒂羅爾省（Triol）的差異極大。在苗圃裡長大成樹的「學子們」，跟隨著早春春風盪盪傳播花粉，早晚有一天，原生的樹種族群會滅絕消失，它們會在不久的將來步上果樹的後塵。

上述林木的悲苦命運還不夠，還要再加上生質能源燃料的盛況風潮來湊熱鬧。愈來愈多的農民將農地改成栽種短期經濟林，楊樹及柳樹的枝條經扦插後，被大量種在農業用地上，五年至十年內，這些像手臂一樣粗的小樹被伐木機裁切削除，木片碎屑主要被當做生質能源發電廠的燃料。

這些扦插用的枝條是人工自行培育混合不同樹種的雜交種，培育這個品種的主要目的就是提高產量和速度。在這種情況下，花粉也是亂源之一，剛好因柳樹與楊樹的開花樹齡相當年輕，以至於從人工林所產生的花粉會多得像雨水澆灑在野生種上。再者，這兩種樹木的種子特別能夠遠傳飛翔（參閱第三章「自由生長的樹木」），所以這些人工育種的楊樹和柳樹遲早都會在開闊的空地傳播繁殖。

總結上述說明，大面積保育區的規劃顯得特別有意義。而且面積愈大愈好：應該是一百平方公里或是更大，減少鄰近保育區人工選擇品種的植株的影響。這種「野生種孤島」的保育區是許多動物與植物物種的諾亞方舟，還可以保持樹種基因的多樣性，因此也具有經濟上的重要價值。假若人工育種的森林全部突然被證實感染一種特定疾病時，怎麼辦？如果我們有一個保育區，像基因儲蓄銀行保存不同的基因，在狀況緊急時從中「提款」能用來建造種植一片新的森林，這樣不是一件讓人放心又很美好的事嗎？

德國政府也因此正在研擬一項政策：百分之五的森林面積應該規劃為長期保育區，這表示仍舊有百分之九十五的森林被無情的用在木材經濟上。然而反對的聲浪非常高，不用驚訝，這些反對的聲音當然是來自很多的木材商人和林業團體。

政治說客的論點是，他們認為設保育區是畫蛇添足，多此一舉，因為傳統的林務業者一向都以大自然的利益為優先考量。這個論點非常荒謬，就好像一個畜牧業的酪農認為他養在高級又現代化牛欄的人工選種牛，對保持野生牛群有所助益一樣可笑。

至今所提的百分之五的保育區仍舊還有共識，目前的時代潮流是所有的法規更動都在討論的階段以及尋求共識中，但同時幾乎所有的森林地區都還是不斷的從事著經濟生產。由於森林經營被認為是符合自然保育行業，即使在自然保護區也可以砍伐木材。這表示對於想妥善保護我們的森林，還有一段很長的路要走。

後記

獨特的價值與共享時光

你一定感覺到我很愛樹木，但過去的我並非一向如此。

年輕時，大自然讓我感到癡迷。不論上山、下海或是深入密林，我喜愛身在戶外及享受藍天下那片永無止境的廣闊大地。

有一天我變成了林務局公務員，實現了我想要整日與樹木打交道的夢想。我學習如何經營森林，如何種樹，維護並收穫林木，以及供給木材工業他們所需要的原料。在當上林務局公務員幾年後，我開始質疑教授所傳授的系統性知識，於是我便開始尋找另一種森林經營的管理形式。林業中有少數是遵循大自然的方式經營森林的同事，他們向我展示如何用溫柔的方式對待樹木。因此我學到在同一地區需保存不同世代的樹木，以及考慮它們之間的社交共處之道。這讓森林明顯的鬆了一口氣，但這還不是使我對待森林方式有突破進展的主因。

一直到我將轄區一塊非常老的櫸樹林規劃為樹葬埋骨灰罈的地點並成為保護區

時，才使我對待森林的態度有了一百八十度的轉變。我發現客戶在林區尋找樹葬的地點時，是用另一種眼光看待樹木。完美光滑的樹幹，最適合用來製材？客戶對這點完全沒有興趣，多節多瘤的樹幹、彎得有趣的樹幹，或住著啄木鳥房客的樹幹，這些才是客人喜歡的樹葬地點。同時客戶也讓我學到更加用心的去觀察注意一些林業以外的事情。

我開始注意到被砍除的老根株，因受到身邊樹友好幾世紀的幫忙支持而繼續活著；原來樹木中有冒險家也有膽小鬼（可從落葉的時刻分辨出來），樹木後代可以在母樹的陰影下無止境的蟄伏等待，這些現象都是我在保護區成立後才學到和觀察到的。對我來說，我決定在這裡用誇張戲劇化的方式來形容一下，這種轉變就像從以人工工業化大規模畜牧到突然轉成有機畜牧一樣巨大。

如今對我而言，每棵樹木都具有它個別獨特的價值。而且現在我在森林或是花園工作時，心態上變得安心自然，因為我總是會不時地發現這個巨大木本植物有很多不同的特殊性格，經常都讓我會心一笑。

我祝福你與你們的樹木們也有一段扣人心弦的發現之旅，特別是與樹木共同擁有許多歡喜樂陶陶的美好時光。

附錄：中德名詞用語對照

A

Abschiedskragen 枝領
Abwasserleitung 排水管
Altersklassenwald 同齡林
Altersschätzung 估算年齡
Amme 奶媽／保母
Angstreiser 分櫱枝
Apfelbaum（*Malus domestica*） 蘋果樹
Assel（*Porcellio scaber*） 潮蟲
Äste 樹枝
Astnarben 枝瘤
Astquirl 對稱生長
Astring 樹枝切口
Astwunde 枝瘤
Auslesedurchforstung 人工擇伐

B

Bakterienbefall 細菌感染
Bastschicht 韌皮部
Baumfäkalien 樹木排泄物
Baumkinder 樹苗／苗木
Baumscheibe 樹幹的圓環切片，或指樹木圓周敷蓋區
Baumschnecke（*Arianta arbustorum*） 灌叢蝸牛
Baumschnegel（*Lehmannia marginata*） 樹蝸蝓
Baumschnitt 剪枝
Baumwachs 樹脂
Befruchtung 受精
Bestäubung 授粉
Beulen 疙瘩／瘤
Bioenergie 生機能源
Biomasse 生物質量
Birke 樺樹
Blätter 樹葉
Blattfall 落葉
Blitzschlag 雷擊
Blührhythmus 開花節奏，開花周期
Blüte 花
Boden 土壤
Bodenfließen 土石流失
Bodenschäden 土壤流失
Borke 樹皮
Borkenkäfer（*Scolytinae*） 小蠹蟲
Braunfäuleerreger 木褐腐蝕病原
Buchdrucker 雲杉八齒小蠹
Buche（*Fagus*） 山毛櫸屬

C

Carotinoide 類胡蘿蔔素
Cellulose 纖維素
Chinesenbart 中國人八字鬍，此處指枝皮脊

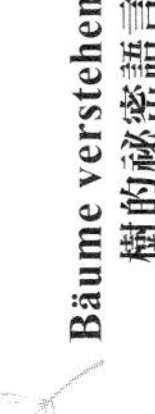

Coloradotannen-Rindenläus（*Cinara curvipes*） 冷杉大蚜蟲

D

Dendrochronologie 樹木年輪學
Drehwuchs 螺旋紋理
Druckholz 反應木
Durst 口渴／缺水

E

Edelreiser 接穗
Efeu 常春藤
Eiche 橡樹
Eichelhäher（*Garrulus glandarius*） 西歐小松鴉
Eichenwickler（*Tortrix viridana*） 橡樹捲葉蛾
Eichhörnchen（*Sciurus vulgaris*） 歐亞紅松鼠
Einwachsung 接觸生長
Erdaushub 建材廢土
Eremit（*Osmoderma eremita*） 隱士甲蟲
Erle（*Alnus*） 赤楊屬

F

Fällung 砍伐
Fäulnis 腐朽
Fäulniserreger 腐朽病原
Faulpelz 懶惰蟲
Feuerbrand 梨火疫病
Fichte（*Picea*） 雲杉屬
Flachwurzler 淺根
flaschenförmiger Wuchs 瓶狀生長
Flechten 地衣類
Fortpflanzung 繁殖
Freundschaft 友情
Frostschutzmittel 防凍劑

G

Gene 基因

H

Hainbuche（*Carpinus betulus*） 千金榆
Hängebirke（*Betula pendula*） 垂枝樺樹
Hängematte 吊床
Harz 樹脂
Hecke 樹籬
Heckenschnitt 修剪樹籬
Herbstfärbung 秋天變色／秋天葉變
Hirsch（*Cervus elaphus*） 紅鹿／歐洲馬鹿
Hitzewelle 熱浪
Höchstalte 壽命上限
Hohlkehle 凹槽
Holz 木質部（木材）
Humus 腐植質

I

Immergrün 常綠

Insekten	昆蟲
Interzeption	截留

J

Jagd	狩獵
Jahresringe	年輪

K

Kambium	形成層
Kernholz	心材
Kiefer（*Pinus*）	松屬
Klettergarten	叢林繩索探險公園
Kletterpflanzen	藤本類植物
Klimaneutral	碳中平衡是指總釋放碳量為零
Klimawandel	氣候變遷
Kohlenstoff	碳元素
Kommunikation	通訊
Konsolenpilz（*Pycnoporus*）	多孔菌屬
Krankheiten	疾病
Krebs	樹癌
Krone	樹冠
Kronenpfad	樹冠步道
Kronenverlagerung	樹冠位移
Kupfernagel	銅釘
Kurzumtriebsplantage	短期經濟林

L

Laub	落葉
Laubbäume	闊葉樹
Laubfresser	落葉分解微生物
Laus	蝨子
Lichtbaumart	陽性樹種
Lignin	木質素
Linde（*Tilia*）	椴樹屬
Luftverschmutzung	空氣汙染

M

Mastjahre	豐年
Mistel	槲寄生
Mitbewohner	室友
Mittelspecht（*Dendrocopos medius*）	斑點啄木鳥
Moorbirke（*Betula pubescens*）	毛樺
Moosbesatz	苔蘚分布位置
Moose	苔蘚
Müllabfuhr	排泄作用，代謝廢物排出體外
Mykorrhiza	菌根

N

Nachhaltigkeit	永續經營
Nadelbäume	針葉樹
Niederwald	矮林作業
Nistkasten	人工鳥巢

O

Obstbaum 果樹
Ozon 臭氧
Ozonschäden 臭氧傷害

P

Pappel（*Populus*） 楊屬
Pflanzung 栽種／種植
Pfropfreiser 嫁接接穗
Pilze 真菌
Pionierbaumart 先驅樹種
Pollen 花粉

R

Rangordnung 階級順序
Regen 雨水
Regenwürmer 蚯蚓
Reh（*Capreolus capreolus*） 歐洲狍
Rinde 樹
Rindenfalte 樹皮裂痕
Rindenverletzung 樹皮損傷
Ringelung 環切
Riss 裂縫
Rose 玫瑰花
Rotbuche（*Fagus sylvatica*） 歐洲山毛櫸
Rote Waldameise（*Formica rufa*） 紅褐林蟻
Rückschnitt 修枝

S

Samen 種子
Sämling 苗木
Schattbaumart 耐陰性樹種
Schattenblätter 陰葉
Schaukel 盪鞦韆
Schiefstand 樹木傾斜
Schmerzen 疼痛
Siegel 封蠟章，此指圓形樹疤
Sonnenbrand 曬傷
Sortenvielfalt 品種多樣性
Spalierobst 棚架果樹
Spätblühende Traubenkirsche（*Prunus serotina*） 野黑櫻
Specht（*Picidae*） 啄木鳥
Splintholz 邊材
Splitterschaden 碎片傷害
Stacheldraht 刺鐵絲線
Stamm 樹幹
Stammriss 樹幹裂痕
Stieleiche 夏櫟
Stockausschlag 根株萌芽
Storchennestkrone 白鸛鳥巢狀樹冠
Streithähne 鬥雞
Stress 壓力
Streusalz 融雪鹽
Sturm 溫帶氣旋
Stützwurzel 支撐根
Superorganismus 超生物體

T

Tausendjähriger Baum 神木
Textilband 織帶
Tod 死亡
Totholz 枯木／腐木
Traubeneiche 無梗花櫟

U

Überfüllung 過度擁擠
Überwallung 傷口癒合
Unglücksbalken 迴生枝
Unterlage 砧木
Urwald 原生林
UV-Strahlung 紫外線

V

Vegetationsperiode 生長期
Veredeln 嫁接
Vergreisen 老化
Vitalität 生長力／生命力
Vogelkirsche（*Prunus avium*） 歐洲甜櫻桃

W

Waldbrand 森林火災
Waldrebe（*Clematis*） 鐵線蓮屬
Waldschadensstatistik 森林損害統計
Waldsterben 森林死亡
Wäscheleine 曬衣線
Wasserhaushalt 水分收支
Wasserleitung 水管，在此指維管束
Wassermanagement 水分收支管理
Wassertransport 水分運輸
Weißfäuleerreger 腐朽病原
Wildnisinsel 野生種孤島
Wildschwein 野豬
Wimmerwuchs 波浪狀紋理
Winterschlaf 冬眠
Wühlmaus（*Arvicolinae*） 田鼠亞科
Wunde 傷口
Wurzel 樹根
Wurzelausläufer 側根
Wurzelballen 根球
Wurzeltypen 樹根種類

Z

Zugholz 伸張材
Zugwurzel 伸張根
Zwiesel 雙主幹

樹的祕密語言

森林守護者傳授的另類語言課，聆聽慢活老樹用生命訴說的自然教學

Bäume verstehen: Was uns Bäume erzählen, wie wir sie naturgemäß pflegen

作　　者　彼得·渥雷本　(Peter Wohlleben)
繪　　者　瑪格麗特·施內沃特 (Margret Schneevoigt)
翻　　譯　陳怡欣
封面設計　郭彥宏
內頁版型　高巧怡
行銷企劃　蕭浩仰、江紫涓
行銷統籌　駱漢琦
業務發行　邱紹溢
營運顧問　郭其彬
校　　對　王芳屏
副總編輯　劉文琪
出　　版　地平線文化／漫遊者文化事業股份有限公司
地　　址　台北市103大同區重慶北路二段88號2樓之6
電　　話　(02) 2715-2022
傳　　真　(02) 2715-2021
服務信箱　service@azothbooks.com
網路書店　www.azothbooks.com
臉　　書　www.facebook.com/azothbooks.read

發　　行　大雁出版基地
地　　址　新北市231新店區北新路三段207-3號5樓
電　　話　02-8913-1005
訂單傳真　02-8913-1056
二版一刷　2024年2月
定　　價　台幣420元
ISBN　978-626-98213-1-0

國家圖書館出版品預行編目 (CIP) 資料

樹的祕密語言 : 森林守護者傳授的另類語言課, 聆聽慢活老樹用生命訴說的自然教學/ 彼得. 渥雷本(Peter Wohlleben) 著 ; 陳怡欣譯. -- 二版. -- 臺北市 : 地平線文化, 漫遊者文化事業股份有限公司出版 ; 新北市 : 大雁文化事業股份有限公司發行, 2024.02
　面 ;　公分
譯自 : Bäume verstehen : Was uns Bäume erzählen, wie wir sie naturgemäß pflegen
ISBN 978-626-98213-1-0(平裝)
1.CST: 森林生態學 2.CST: 樹木
436.12　　113000758